# 海相页岩气储层预测与勘探

胡伟光　倪　楷　范春华　编著

U0364141

中国石化出版社

## 内容提要

　　本书以四川盆地焦石坝页岩气田的勘探实例为基础，系统阐述了海相优质页岩储层预测的原理及详细的技术方法和应用实例。以探索及建立针对海相页岩气储层的综合解释与预测技术流程为目的，研究中采用了地震资料精细构造解释及埋深成图、地震相分析、叠后波阻抗反演、地震属性、裂缝预测及随钻跟踪等技术方法，实施页岩气储层的预测及随钻评价。本书还总结了优质页岩储层预测方法的应用情况及技术特点，提出了优质页岩储层预测的一些关键技术及参数。利用本书的技术方法及成果可实施海相页岩气储层的预测，其相关的应用技术及经验可在页岩气储层预测中进行推广。

　　本书可供各大石油公司从事页岩气储层、致密砂岩储层类勘探、开发的研究人员参考，也可供高等院校石油地质、地球物理、石油工程等相关专业的师生学习使用。

## 图书在版编目（CIP）数据

海相页岩气储层预测与勘探／胡伟光，倪楷，范春华
编著. —北京：中国石化出版社，2017.6
ISBN 978 - 7 - 5114 - 4429 - 5

Ⅰ. ①海… Ⅱ. ①胡… ②倪… ③范… Ⅲ. ①海相 -
油页岩 - 储集层 - 预测 ②海相 - 油页岩 - 油气勘探
Ⅳ. ①P618. 130. 8

中国版本图书馆 CIP 数据核字（2017）第 082343 号

**中国石化出版社出版发行**
地址:北京市朝阳区吉市口路9号
邮编:100020　电话:(010)59964500
发行部电话:(010)59964526
http://www.sinopec-press.com
E-mail:press@sinopec.com
北京富泰印刷有限责任公司印刷
全国各地新华书店经销
*
700×1000 毫米 16 开本 12.5 印张 216 千字
2017 年 6 月第 1 版　2017 年 6 月第 1 次印刷
定价:50.00 元

# 前　言

　　页岩气(shale gas)是一种重要的非常规天然气类型，与常规天然气相比，其生成、运移、赋存、聚集、保存等过程及成藏机理既有许多相似之处，又有一些不同点。页岩气成藏的生烃条件及过程与常规天然气藏相同，泥页岩的有机质丰度、有机质类型和热演化特征决定了其生烃能力和时间。在烃类气体的运移方面，页岩气成藏体现出无运移或短距离运移的特征，泥页岩中的裂缝和微孔隙成了主要的运移通道，而常规天然气成藏除了烃类气体在泥页岩中的初次运移以外，还需在储集层中通过断裂、孔隙等输导系统进行二次运移。在赋存方式上，二者差别较大。首先，储集层和储集空间不同(常规天然气储集于碎屑岩或碳酸盐岩的孔隙、裂缝、溶孔、溶洞中，页岩气储集于泥页岩黏土矿物和有机质表面、微孔隙中)；其次，常规天然气以游离赋存为主。页岩气以吸附和游离赋存方式为主。在盖层条件方面，鉴于页岩气的赋存方式，其对上覆盖层条件的要求比常规天然气要低，地层压力的降低可以造成页岩气解吸和散失。页岩气的成藏过程和成藏机理与煤层气极其相似，吸附气成藏机理、活塞式气水排驱成藏机理和置换式运聚成藏机理在页岩气的成藏过程中均有体现。

　　作为源岩排烃残余的主要产物，页岩气的存在具有广泛意义。页岩气是美国大规模经济性勘探开发的三大非常规天然气类型(根缘气、页岩气、煤层气)之一，近年来由于相关配套技术的进步而得到了空前的发展，其页岩气年产量相当于目前我国各类天然气年产量的总和。

作为非常规油气资源的一种，页岩气聚集机理特殊，富集条件多样，它使得一大批不曾具备常规油气成藏条件的泥页岩重新变得具有直接勘探意义。高含有机碳泥页岩在中国境内广泛分布，页岩气也因此成为值得我国高度重视且具有重要勘探开发意义的非常规油气资源类型。

依据页岩发育的地质基础、区域构造特点、页岩气富集背景以及地表开发条件等情况，可将中国的页岩气分布有利区域划分为南方、北方、西北和青藏 4 个大区，其中每个大区又可进一步细分。由于各区页岩气地质条件和特点差异明显，据此又可划分为不同的页岩气富集模式——南方型、北方型和西北型。据专家估算，我国页岩气可采资源量约为 $26 \times 10^{12} \mathrm{m}^3$，与美国大致相当。其中，四川盆地东南及南部地区的志留系龙马溪组、下寒武统筇竹寺组海相黑色页岩发育，页岩气勘探开发潜力巨大。2010 年中国石油在四川南部威远地区志留系龙马溪组页岩钻获商业性气流，实现中国页岩气首次工业性突破；2012 年中国石化在川东南焦石坝地区的海相页岩气勘探中，在龙马溪—五峰组页岩中也收获商业性气流，证实了四川盆地志留系龙马溪—五峰组页岩是最有利的勘探层系之一。

当下，为了更好地指导及研究页岩储层预测，应石油行业内同行的要求，我们针对川东南地区焦石坝气田的海相页岩储层的综合解释与预测相关成果进行分析研究，编著成书，探索、研究这个页岩气田油气勘探的成功经验，期待对中国的页岩储层预测、勘探实践具有指导和借鉴作用。

本书共分为六章，第一章主要为介绍页岩气勘探开发、储层特征、保存条件及涉及的地球物理技术，有助于读者简略了解相关页岩气勘探开发技术、页岩储层的特点及其相关的地球物理技术。第二章至第四章重点阐述页岩储层预测的地球物理技术、综合解释及储层预测的实践操作、应用情况，利用成熟的商业软件对焦石坝及其邻近气田的页岩储层段进行储层综合解释及预测的成果展示及分析。第五章是随钻跟踪技术简介，有利于读者了解页岩气勘探中钻井跟踪方面的实际操作，使水平井更好的在优质页岩段中传行。第六章是对海相页岩储层解释、预测技术的集成总结，结论可以给读者一些启示及思考。

本书是中国石化勘探分公司参与四川盆地焦石坝页岩气田勘探及开发的全体管理及技术人员集体智慧的结晶，从该气田的页岩储层预测研究成果中进行总结，在这项集体劳动成果集结出版的时候，笔者对上述参加人员表示衷心的感谢！同时，也感谢为本书编撰付出辛勤劳动的绘图人员。

由于现阶段我国的油气勘探进程相对较快，本书中相关的海相页岩储层的综合解释与预测成果的分析、认识可能不足，并且本书成果集成总结的时间相对紧张，再加上作者水平有限，书中错误和分析不妥之处望读者不吝赐教。

# 目 录

# 1 概 论

近 20 年来，随着世界能源消费量的猛增和供需矛盾的日益突出，非常规天然气资源已引起了油气勘探家们的普遍重视，不少国家将页岩气、煤层气、油砂、油页岩等非常规油气资源的勘探开发提上了重要议事日程，并将其列为 21 世纪重要的补充能源，加大了对这些非常规油气资源的勘探开发和综合利用力度。随着油气勘探领域的不断扩大和勘探开发程度的逐步提高，以及相关配套工程技术水平的进步，多种机理类型的非常规天然气资源不断被发现、探明、开发，其生产成本也大幅下降，尤其是在目前天然气价格较高的情况下，页岩气的勘探、开采更加经济可行，其经济价值和战略意义越来越受到重视。

非常规油气是指成藏机理、赋存状态、分布规律及勘探开发方式等不同于常规油气藏的烃类资源，现阶段非常规油气资源主要指油页岩、油砂、煤层气、页岩气、致密砂岩气等。我国非常规油气总资源量达 $1.9 \times 10^{14} \, \text{m}^3$，其中煤层气为 $3.7 \times 10^{13} \, \text{m}^3$，位居世界第三，已探明储量 $2.8 \times 10^{11} \, \text{m}^3$。我国页岩气资源量达 $1 \times 10^{14} \, \text{m}^3$，其中可采储量 $2.6 \times 10^{13} \, \text{m}^3$，与美国相当。目前，我国页岩气资源仍处于开发萌芽状态，开发潜力巨大。我国致密砂岩天然气资源量约为 $1.48 \times 10^{13} \, \text{m}^3$，2010 年全国致密砂岩气产量达到 $3 \times 10^{10} \, \text{m}^3$。我国非常规油气成藏特点、分布状况及其特点如下：①资源储量丰富，分布区域广；②油气类型多样，成藏类型多；③储层非均质性强，受构造、裂缝及孔隙等因素控制；④储层大都表现为低孔低渗特征。可见非常规油气藏与常规油气藏相比，其成藏地质条件更复杂，勘探开发技术要求更高。

页岩气勘探生产和开发研究最早开始于美国，早在 1627 ~ 1669 年，法国的勘测人员和传教士就对阿巴拉契亚盆地富含有机质黑色页岩进行过描述，他们所提到的石油和天然气现在被认为来源于纽约西部的泥盆系页岩。1821 年被公认为是美国的天然气工业的开始，第一口井是在纽约 Chautauga 县泥盆系 Dunkirk 页岩中完井的，它位于天然气苗上方，从大约 27ft（8m）深处的裂缝中产出了天然气，当时仅供当地照明用（Weeks，1886；Orton，1899；Van Tyne，1983；De-witt 等，1993），这口井后来钻至 21m 深度。页岩气的发现，就此拉开了美国天然气工业发展的序幕。这种发现预计比在宾夕法尼亚石油小溪发现著名的德雷克油井早 35 年。

美国也是最先对页岩气进行开采实验，并取得巨大成功且具有领先地位的国家。页岩气的商业性开采最早（1621 年）始于美国东部，20 世纪 20 年代步入规模，主要产于阿拉巴契亚盆地富含有机质的泥盆系页岩中。1914 年在阿拉巴契亚盆地泥盆系页岩钻探中获日产天然气 $2.84 \times 10^4 \mathrm{m}^3$，由此发现了世界第一个页岩气田——Big Sandy 气田。美国能源部东部天然气页岩研究项目始于 1976 年，作为地质、地球化学和石油工程的一系列研究项目，重点在于研究增产措施。20 世纪 50 年代，大型水力压裂首次在 Texas 州的页岩气田开发，1986 年首先用于 Barnett 页岩气田，1992 年水平井也首次用于 Barnett 页岩气田。20 世纪 70 年代中期美国页岩气步入规模化发展阶段，70 年代末期页岩气年产量约为 $19.6 \times 10^8 \mathrm{m}^3$。2000 年以来，随着页岩气勘探开发技术不断提高，页岩气得到了广泛应用。同时加密的井网部署使页岩气的采收率提高了 20%，美国页岩气年生产量迅速攀升。2000 年，美国页岩气年产量为 $122 \times 10^8 \mathrm{m}^3$，生产井约有 28000 口；2004 年的产量已近 $200 \times 10^8 \mathrm{m}^3$，2007 年达到 $500 \times 10^8 \mathrm{m}^3$ 的水平；特别是近几年随着国际能源价格快速上涨及持续高位运营，美国页岩气的产量、储量也随之快速增长，2010 年仅页岩气的产量就高达 $1378 \times 10^8 \mathrm{m}^3$，远超中国各类天然气的总产量 $950 \times 10^8 \mathrm{m}^3$，2011 年超过 $1970 \times 10^8 \mathrm{m}^3$，2012 年达到 $2300 \times 10^8 \mathrm{m}^3$，并以产量每年 $300 \times 10^8 \sim 400 \times 10^8 \mathrm{m}^3$ 的数量递增。EIA 在 2012 年 12 月发布的《2013年能源展望报告》中预测，2040 年美国页岩气产量将达到 $4729 \times 10^8 \mathrm{m}^3$。与此同时，每年新探明的页岩气储量高达 $7000 \times 10^8 \sim 8000 \times 10^8 \mathrm{m}^3$，展现了良好的天然气勘探开发前景。

对于我国而言，自从 1667 年第一次在四川盆地的邛 1 井发现天然气以来，就不断有页岩气被发现，尤其是 20 世纪 60 年代以来，已在松辽盆地、渤海湾盆地、四川、鄂尔多斯、柴达木等几乎所有陆上含油气盆地中发现了页岩气或泥页岩裂缝油气藏。1966 年在四川盆地威远构造钻探的威 5 井，在 2795～2798m 的寒武系筇竹寺组页岩中获得日产天然气 $2.46 \times 10^4 \mathrm{m}^3$，成为中国早期发现的典型的页岩气产气井。

我国页岩气资源调查与勘探开发起步晚，目前尚处于探索阶段。20 世纪 60～90 年代，在常规油气勘探过程中，部分盆地页岩中发现过泥页岩裂缝油气藏，如松辽盆地古龙凹陷、辽河坳陷、济阳坳陷沾化凹陷、临清坳陷东濮凹陷、柴达木盆地茫崖坳陷西部凹陷等都相继发现和开采过裂缝性泥岩油气藏，部分学者对此还进行过研究（陈章明等，1988；王德新等，1996；刘魁元等，2001；徐福刚等，2003；张金川等，2004）。近年来，许多研究者逐渐开始注意到了"页岩气"在成藏机理及其分布规律上的特殊性，如张金川、金之钧等《页岩气成藏机理和分布》（2004 年），张金川等《页岩气及其成藏机理》（2003 年），张杰、金之钧等《中国非常规油气资源潜力及分布》等，认为页岩气介于根状气、根缘气和根远气三大类气藏之间，由于页岩气在主体上表现为吸附或游离状态，成藏过程中没有或仅有极短距离的运移，因此从某种意义上说，页岩气藏具有典型煤层气和典型根缘气的双重机理。普遍认为页岩气是一种极富有勘探潜力和前景的天然气聚集基本类型，但相关的系统性机理研究还未展开。自 2004 年起，中国国内石油公司及相关高校开始跟踪调研世界页岩气资源发展动态，并对中国页岩油气的资源状况进行初步分析。2007 年以来，三大石油公司积极调整结构行业重点，将页岩气勘探开发列为非常规油气资源的首位。中国石油、中国石化等油气巨头继续引领并推进中国页岩气的勘探开发，部分页岩气井投入了商业化生产，并基本掌握了页岩气开发的成套技术，在地质资料和勘探开发技术方面相比国内其他投资者拥有很大优势。

中国石油于 2007 年与美国新田石油公司签署了《威远地区页岩气联合研究》协议，2008 年 11 月在四川省宜宾市实施了我国首口页岩气取心浅井；2009 年又与壳牌公司在重庆富顺—永川区块启动合作勘探开发项目，并于 2010 年实施钻探了威 201 井，在下寒武统获得日产 $1.08 \times 10^4 m^3$ 工业气流，在长宁和富顺区块下志留统龙马溪组也获得了页岩气的突破。另外，中国石油公司的长宁—威远、昭通 2 个国家级示范区和富顺—永川对外合作区共完钻页岩气评价井 39 口，累计实现商品气量 $7000 \times 10^4 m^3$。在页岩气勘探开发过程中发现，部分区块前景远超预期，如贵州省安正县安场镇的安页 1 井，也在五峰—龙马溪组钻获工业气流。

由中国石油、四川能投和宜宾市国资经营公司等企业合资设立四川长宁天然气开发有限公司于 2013 年 12 月正式挂牌，注册资本 10 亿元。该公司将主要负责长宁区块的页岩气开发，预计 2015 年的页岩气产能为 $10 \times 10^8 m^3$。

2013 年 12 月，中国石油在长宁区块开展页岩气工厂化压裂先导试验，并在 H3 平台 H3-1 井、H3-2 井取得成功，中国石油有望到 2016 年将页岩气单井平均开发成本降低至 $4000 \times 10^4 \sim 6000 \times 10^4$ 元/口。而目前单井的平均开发成本约

为 $8000\times10^4\sim10000\times10^4$ 元/口。

中国石化焦石坝海相页岩气田位于四川盆地川东南高陡褶皱带，为一宽缓的断背斜海相页岩气田。经焦石坝地区的二维地震资料解释结果所得到的等 $t_0$ 构造图，于 2012 年 2 月 14 日在焦石坝断背斜构造高点部位开钻导眼井及 jy1_HF 水平井，在 2012 年 11 月 28 日完成该水平井的龙马溪—五峰组页岩段的压裂试气，获得日产 $20.3\times10^4m^3$ 高产页岩气流，取得海相页岩气勘探的商业突破。

随后，中国石化勘探南方分公司迅速展开焦石坝主体构造的海相页岩气勘探，同时部署页岩气专探井三口、三维地震计 $595km^2$ 实施对目标区内的龙马溪—五峰组页岩分布情况摸底及甜点预测。其中 jy2、jy3、jy4 井的水平井压裂测试分别获得日产 $35\times10^4m^3$、$15\times10^4m^3$、$25\times10^4m^3$ 页岩气流，实现了焦石坝主体控制。截至 2015 年 10 月底，中国石化在焦石坝区块累计开钻 200 余口，加快了该区的海相页岩气勘探及开发，实现了西气东输的目的。

总的来说，涪陵焦石坝海相页岩气田为不含硫化氢的优质页岩气田。气体成分以甲烷为主，含量约为 97.221%～98.410%。焦石坝海相页岩气田是国内第一个页岩气田，也是国内第一个大型页岩气田，同时是全球除北美以外第一个投入商业开发的大型页岩气田。所以对该气田进行相关的学术研究具有典型意义，可利用该气田相关的勘探经验指导其他地区海相页岩气的勘探开发。

## 1.1 页岩气成藏简介

页岩（shale）主要由固结的黏土级颗粒组成，是地球上最为普遍的沉积岩石。页岩看起来像是黑板一样的板岩，具有超低的渗透率。在许多含油气盆地中，页岩作为烃源岩生成油气，或是作为地质盖层使油气保存在生产储层中，防止烃类有机质逸散到地表。然而在一些盆地中，具有几十到几百米厚、分布几千到几万平方公里的富含有机质页岩层可以同时作为天然气的源岩和储层，形成并储集大量的天然气（页岩气）。页岩既是源岩又是储集层，因此页岩气是典型的"自生自储"成藏模式。这种气藏是在天然气生成之后在源岩内部或附近就近聚集的结果，也由于储集条件特殊，天然气在其中以多种相态存在。这些天然气可以在页岩的天然裂缝和孔隙中以游离方式存在、在干酪根和黏土颗粒表面以吸附状态存在，甚至在干酪根和沥青质中以溶解状态存在。我们把这些储存在页岩层中的天然气称为页岩气（shale gas）。总的来说，页岩气是指赋存于暗色泥页岩、高碳泥页岩及其夹层状的粉砂岩、粉砂质泥岩、泥质粉砂岩、甚至砂岩中以自生自储成藏的天然气聚集。

总的来说，页岩是指由粒径小于 0.0039mm 的细粒碎屑、黏土、有机质等组成的具页理构造的一类沉积岩。富有机质页岩是指富含有机质、总有机碳含量（TOC）大于 0.5% 的暗色页岩。页岩气指主要以吸附或游离状态赋存于富有机质页岩层层系中（包括页岩及粉砂岩、砂岩和碳酸盐岩薄夹层）的天然气，具有自生自储、无明显气水界面的、在空间上大面积连续分布富集的特点。按照国土资源部和国家发改委相关精神，页岩气产层中泥地比要求大于 80%，且吸附气含量应占到总含气量的 20% 以上。

美国地质调查局油气资源评价组（1995）认为页岩气系统属于典型的非常规天然气藏，即连续性天然气聚集。Curtis（2002）对页岩气进行了界定并认为，页岩气在本质上就是连续生成的生物化学成因气、热成因气或两者的混合，它具有普遍的地层饱含气性、含气面积大、隐蔽聚集机理、多种岩性封闭以及相对很短的运移距离等特点。

我国学者张金川等（2004）认为，页岩气是指主体位于暗色泥页岩或高碳泥页岩中，以吸附或游离状态为主要存在方式的天然气聚集。在页岩气藏中，天然气也存在于夹层状的粉砂岩、粉砂质泥岩、泥质粉砂岩、甚至砂岩地层中，为天然气生成之后在源岩层内就近聚集的结果，表现为典型的"原地"成藏模式。从某种意义来说，页岩气藏的形成是天然气在烃源岩中大规模滞留的结果。

我们通过对国内外关于页岩气形成及聚集方式描述的分析，从成因、赋存机理两方面说明页岩气的概念、涵义。页岩气是由烃源岩连续生成的生物化学成因气、热成因气或两者的混合，在烃源岩系统（页岩系统：页岩及页岩中夹层状的粉砂岩、粉砂质泥岩、泥质粉砂岩甚至砂岩）中以吸附、游离或溶解方式赋存的天然气。与常规天然气藏相比，页岩气藏具有以下几个特点：①早期成藏，天然气边形成边赋存聚集，不需要构造背景，为隐蔽圈闭气藏；②自生自储，泥页岩既是气源岩层，又是储气层，页岩气以多种方式赋存，使得泥页岩具有普遍的含气性；③天然气运移距离较短，具有"原地"成藏特征；④对盖层条件要求没有常规天然气高；⑤赋存方式及赋存空间多样，吸附方式（有机质、黏土颗粒表面微孔隙）、游离方式（天然裂缝和孔隙）或溶解方式（在干酪根和沥青质中）均可；⑥气水关系复杂；⑦储层孔隙度较低（通常小于 5%）、孔隙半径小（以微孔隙为主），裂缝发育程度不但能控制游离状页岩气的含量，而且影响着页岩气的运移、聚集和单井产量；⑧在开发过程中，页岩气井表现出日产量较低，但生产年限较长的特点。

现在对页岩气的成藏过程、成藏地质特征详细解读如下。

1）页岩气的成藏过程

页岩气成藏作用过程的发生使页岩中的天然气赋存相态本身也构成了从典型吸附到常规游离之间的序列过渡，因而页岩气成藏机理研究具有自身的独特意义，它将煤层气（典型吸附气成藏过程）、根缘气（活塞式气水排驱过程）和常规气（典型的置换式运聚过程）的运移、聚集和成藏过程联结在一起。由于页岩气在主体上表现为吸附状态与游离状态天然气之间的递变过渡，体现为成藏过程中的无运移或极短距离的有限运移，因此页岩气藏具有典型煤层气、典型根缘气和典型常规圈闭气成藏的多重机理意义，在表现特征上具有典型的过渡意义。页岩气的成藏过程可以划分为 3 个成藏阶段。

（1）第一阶段（页岩气成藏阶段）。该阶段是天然气在页岩中的生成、吸附与溶解逃离，具有与煤层气成藏大致相同的机理过程。在天然气的最初生成阶段，主要由生物作用所产生的天然气首先满足岩石中有机质和黏土矿物颗粒表面吸附的需要，当吸附气量与溶解的逃逸气量达到饱和时，富裕出来的天然气则以游离相或溶解相进行运移逃散，条件适宜时可为水溶气藏的形成提供丰富气源。此时所形成的页岩气藏分布限于页岩内部且以吸附状态为主要赋存方式，总体含气量有限。

（2）第二阶段（根缘气成藏阶段）。在热裂解气大量生成过程中，由于天然气的生成作用主要来自于热化学能的转化，它将较高密度的有机母质转换成较低密度的天然气。在相对密闭的系统中，物质密度的变小导致了体积的膨胀和压力的提高，天然气的大量生成作用使原有的地层压力得到不断提高，从而产生原始的高异常地层压力。由于压力的升高作用，页岩内部沿应力集中面、岩性接触过渡面或脆性薄弱面产生微裂缝，天然气与孔隙壁之间所形成的束缚水膜阻断了地层水穿越天然气所在孔隙段的流动（浮力作用），此时页岩气藏的形成在主体上表现为由生气膨胀力所促动的气排水活塞式成藏过程，天然气原地或就近分布，构成了挤压造隙式的运聚成藏特征。在通常情况下，与页岩间互的致密粉砂岩夹层，具有低孔低渗特点，它限定了天然气通过气排水的活塞式运移、聚集逐渐形成根缘气藏。此时的天然气聚集已经超越了页岩本身，表现为无边、底水和浮力作用发生的地层含气特点，从整套页岩层系考察，不论是页岩地层本身还是薄互层分布的粉砂岩储层，在该阶段均表现为普遍的饱含气性，游离相的天然气以裂隙聚集、孔隙为主，页岩地层的平均含气量丰度达到较高水平。

（3）第三阶段（常规气成藏阶段）。随着更多天然气源源不断地生成，则彼此连通性较差的裂隙网络组合构成较大的裂缝网络，可以作为天然气游离赋存场所和运移的高速通道，由于空间的增大，天然气的运移方式由活塞式转变为置换式。如果生气量继续增加，则天然气分布范围进一步扩大，直到遇常规储层或输导通道后，天然气受浮力作用而进行置换式运移，从而导致常规圈闭气藏的大范围出现。

2）成藏地质特征

与煤层气类似，富含有机质的页岩本身可以作为页岩气的气源岩，又可以作为储集层，页岩气的赋存方式、成藏机理和成藏过程与常规天然气有很大不同，因此，页岩气藏具有独特的地质特征。

（1）页岩气系统自成生储盖体系。

在页岩气藏中，富含有机质的页岩是良好的烃源岩，页岩中的有机质、黏土矿物、沥青质等，以及裂隙系统和粉砂质岩夹层又可以作为储气层，渗透性差的泥质页岩为页岩气藏充当封盖层。

烃源岩：含有大量的有机质含量、分布广泛、厚度较大的泥页岩。可以生成大量的天然气，并且具有供气长期稳定持续的特点。

储集层：与常规天然气的砂岩储集层不同，其主要特点为：①储集岩为泥页岩及其粉砂岩夹层；②微孔隙、裂缝是页岩气储集的主要空间，裂缝发育程度和走向变化复杂，一般页岩裂缝的宽度在 2mm 内，裂缝密度一般较大；③天然气的赋存状态具有多变性（据张金川等，2003），吸附、游离是页岩气赋存的主要方式，少量以溶解方式赋存；④岩石物性较差，因为页岩较为致密，孔隙度、渗透率都比常规储层岩石低，仅在裂缝发育处，渗透率才能有所改善，但对孔隙度的改善不明显。

盖层：在常规天然气藏中，因为泥页岩较为致密、渗透率较低，通常可以作为盖层。虽然页岩气的赋存方式与常规天然气有所不同，但是致密的泥页岩仍然对页岩气藏具有封盖作用。美国的五大页岩气系统盖层的岩性多变，包括页岩（阿巴拉契亚盆地和福特沃斯盆地）、冰碛岩（密执安盆地）、斑脱岩（圣胡安盆地）和页岩/碳酸盐岩（伊利诺斯盆地）（Curtis 和 Faure，1997；Hill 和 Nelson，2000；Walter 等，2000）。

（2）页岩气赋存状态具多样性。

页岩气藏中天然气赋存状态有吸附气、游离气、溶解气等，以吸附气、游离气为主，溶解气含量所占比例很少。天然气既可吸附在干酪根或黏土颗粒的表面，也可以以游离气的形式赋存于页岩裂缝和基质（粒间）孔隙中。吸附气含量主要受岩石组成、有机质含量、微观孔隙结构、地层压力、裂缝发育程度等因素影响。从北美 15 个典型页岩的含气特征看，除了 Antrim、Lewis、Woodford 页岩吸附气含量大于游离气含量外，其他页岩则以游离气含量为主或者两者基本相当。

（3）页岩气储层需要压裂改造才能获得商业产能。

页岩气储层为富有机质页岩及与其薄互层存在的粉砂—极细砂岩、泥灰岩等致密岩类，据 Robert 等的研究，页岩气储层主要发育孔隙直径小于或等于 0.75μm 的微米—纳米孔隙，尤以纳米级孔隙为主要孔隙类型，既有极低的孔隙度和超低渗透率。孔隙度一般小于 4% ~ 6.5%，未压裂页岩的基质渗透率小于 $100 \times 10^{-6} \mu m^2$，在断裂或裂缝发育区孔隙度会提高到 10%、渗透率提高到 $200 \times 10^{-6} \mu m^2$。据对 Barnett 页岩的研究，其孔隙大小比常规砂岩的孔隙小 400 倍，约为 40 个甲烷分子直径大小（甲烷分子直径为 0.38nm），孔隙度 4% ~ 10%，渗透率 $50 \times 10^{-6} ~ 1000 \times 10^{-6} \mu m^2$。因此，在北美外无一例外要对页岩气水平井实施大型水力加砂压裂，改善储层渗流条件，获得商业产能。

（4）页岩气的富集不受构造控制。

由于页岩气藏具有"自生自储"源内成藏的特点，决定了页岩气的富集成藏不受构造控制。富有机质泥页岩往往沉积于盆地凹陷区或盆地斜坡区，如果后期构造活动不强烈，地层变形、抬升幅度较小，则盆地凹陷区和斜坡区的页岩储层中可能存在大量的页岩气原地聚集，进而富集成页岩气藏。近几年的勘探实践表明，获得高产的成功的页岩气井既可能位于现今构造高部位（例如背斜构造高点）、也可能位于向斜区或斜坡区。关键是首先要具有富有机质泥页岩发育作为物质基础，其次后期构造活动弱，具有良好的保存条件。

（5）页岩气富集带以裂缝发育为特征。

裂缝发育在大部分页岩中，以多种成因（压力差、断裂作用、顺层作用等）的网状裂缝系统为特征。在页岩中裂缝、溶蚀页理缝是主要的储集空间，次要储集空间主要为钙质条带中的溶孔、生物体腔孔、晶间孔、粒间孔等。其中，粒间孔主要是指砂质及泥质的双重孔隙，在钙质泥页岩互层为主的夹薄层砂岩的地层中，具有泥页岩裂缝、层理缝和薄层砂岩孔隙等储集空间。裂缝发育带不但提供了游离态页岩气赋存的空间，而且为页岩气的运移、聚集提供了输导通道，并且对页岩气的开发十分有利。美国页岩气的开发实践证明只有裂缝发育的页岩气藏不需压裂就可以获得工业气流，多数的页岩气藏必须经过压裂才能达到工业产量要求。页岩气虽然具有地层普遍含气性特点，但目前具有工业勘探价值的页岩气藏或甜点区主要依赖于页岩地层中具有一定规模的裂缝系统。在美国的大约 30000 口钻井中，钻遇具有自然工业产能的裂缝性甜点的井数只有大约 10%，表明裂缝系统是提高页岩气钻井工业产能的重要影响因素。除了页岩地层中的自生裂缝系统以外，构造裂缝系统的规模性发育为页岩含气丰度的提高提供了条件保证。因此，构造转折带、地应力相对集中带以及褶皱–断裂发育带通常是页岩气富集的重要场所。

### 1.1.1 页岩气成藏机理

在页岩系统中页岩气不单一是指存在于裂缝中的游离相天然气，也不单一是服从常规成藏机理的天然气聚集。页岩气成藏与常规气藏有很大的不同，它属于"连续型"天然气成藏组合。"连续型"天然气成藏组合由美国地质调查所在 1995 年美国油气资源全国评价中提出（Gautier et al.，1995；Schmoker，1995），是在研究非常规油气系统和常规油气系统之间随意性更小、更有地质根据的区别的结果。"连续型"天然气成藏组合，实际上就是在一个大的区域（通常是区域范围内）不是主要受水柱压力的影响天然气成藏组合。根据不同的成藏条件，页岩气赋存方式表现为吸附方式、游离方式、溶解方式 3 种方式；成藏机理表现为典型的吸附机理、活塞运聚机理或置换运聚机理；在成藏特征上介于煤层气、根缘气（深盆气）和常规天然气三大类气藏之间。因此，页岩气成藏体现出非常复杂的多机理、多阶段过程，是天然气成藏机理序列中的重要组成（据张金川等，2003）。页岩气成藏机理按成藏过程可以分成：生成机理（主导地位是成因机理）、赋存机理、运聚机理、产出机理。页岩气的生成机理主要如下两点。

（1）生物成因。在页岩气中有一部分是生物成因气，通过在埋藏阶段的早期成岩作用或近代富含细菌的大气降水的侵入作用中厌氧微生物的活动形成；生物成因气，生成于细菌的甲烷生成作用，菌生甲烷占世界天然气资源总量的 20% 以上（Rice，1993）。微生物成因气最普遍的标志是甲烷的 $\sigma^{13}C$ 值很低（≤55‰）。此外，由于一些中间微生物作用产生了 $CO_2$ 副产品，所以可以根据 $CO_2$ 的存在和同位素成分来判断是否为生物作用形成的天然气。因为微生物作用仅产生了大量甲烷，一般高链烃类是因热成因而形成，因此天然气的总体化学特征也可以表明了其成因。由于不同的生烃机理可以导致相似的同位素值和组分值，所以区分气体成因是非常复杂的。一些次生作用，如运移、细菌氧化和二者的共同作用由于改变了主要诊断特征而使生气机理的识别变得更加复杂。

（2）热成因。热成因作用主要是指随着埋深的增加，地层中的温度、压力增大，泥页岩中大量的有机质由产甲烷菌的代谢发生的化学降解和热裂解作用。干酪根降解过程中，首先产出可溶的有机质沥青，然后是原油，最后才是天然气。有机质的热模拟试验表明，在沉积物的整个成熟过程中，干酪根、沥青和原油均可以生成天然气，对于有机质丰度和类型相近或相似的泥页岩，成熟度越高，形成的烃类气体越多。页岩的有机质成熟度 $R_o$ 在 0.4% ~ 1.88% 之间，所以页岩中的沉积物可以连续生成天然气。在成熟作用的早期，天然气是主要通过干酪根经降解作用形成；在晚期阶段，天然气是主要通过干酪根、沥青和石油裂解作用形成的。与生物成因气相比，热成因气生成于较高的温度和压力下，因此，在干酪根热成熟度（镜煤反射率 $R_o$）增加的方向上，热成因气在盆地地层中的体积含量呈增大趋势。另外，热成因气也很可能经过漫长的地质年代和构造作用从页岩储层中不断泄漏出去。在 Antrim 页岩气研究中，采用甲烷/（乙烷 + 丙烷）比例和产生乙烷（$\delta^{13}C$）的同位素组成确定出其中的热成因气所占体积较小（小于 20%），主要为生物成因气。

总之，页岩层中的页岩气形成是热成因和生物成因共同作用的结果。页岩气形成的根本是经微生物作用和热作用可以生成甲烷等烃类的埋藏有机质。有机质的丰度和类型对于页岩气的形成至关重要，温度、压力和还原环境是页岩气形成的必要条件。

### 1.1.2 页岩气赋存机理

与常规天然气和根缘气不同，对于页岩气来说，页岩既是烃源岩又是储集层。因此，无运移或极短距离运移，就近赋存是页岩气成藏的特点；另外，泥页岩储层的储集特征与碎屑岩、碳酸盐岩储层不同，天然气在其中的赋存方式也有所不同。认识和了解页岩气在储集层中的赋存机理是理解页岩气成藏机理的重要组成部分。由于页岩气在主体上表现为吸附或游离状态，体现为成藏过程中的没有或仅有极短的距离的运移。页岩气可以在天然裂缝和粒间孔隙中以游离方式存在，在干酪根和黏土颗粒表面上以吸附状态存在，甚至在干酪根和沥青质中以溶解状态存在。生成的天然气一般情况下先满足吸附，然后溶解和游离析出，在一定的成藏条件下，这三种状态的页岩气处于一定的动态平衡体系。

#### 1）吸附机理

页岩中页岩气的含量超过了其自身孔隙的容积，用溶解机理和游离机理难以解释这一现象。因此，吸附机理就占据着主导优势地位。吸附机理是通过吸附作用实现的，该过程可以是可逆或不可逆的。吸附方式可分为物理吸附和化学吸附，吸附量与页岩的矿物成分、有机质、比表面积（孔隙、裂隙等）、温度和压力有关。

（1）吸附方式。

物理吸附作用一般认为是由范德华分子力引起的。能发生多级吸附，据能量最小原理得出固体总是优先选择能量最小一个能级范围内的分子吸附，接着进行下一能级的分子吸附。物理吸附是页岩的主要吸附方式，具有吸附时间短、可逆性、普遍性、无选择性。

化学吸附作用是物理吸附作用的继续，当达到某一条件是就可以发生化学作用（包括化学键的形成和断裂）。化学吸附所需的活化能也比较大，所以在常温下吸附速度比较慢（张开，1996）。页岩气的化学吸附具有吸附时间长、不可逆性、不连续性、有选择性。两者共同作用使页岩完成对天然气的吸附，但两者所处占主导优势的地位随成藏条件以及页岩和气体分子等改变而发生变化。吸附作用开始很快，越后越慢，由于是表面作用，被吸附到的气体分子容易从页岩颗粒表面解吸下来，进入溶解相和游离相，在吸附和解吸速度达到相等时，吸附达到动态平衡。

（2）吸附气量。

通过对美国 5 套页岩系统的吸附气量（吸附气所占体积百分比）研究：安特里姆页岩：70%；俄亥俄页岩：50%；新奥尔巴尼页岩：40% ~60%；巴讷特页岩：20%；刘易斯页岩：60% ~85%。

吸附气量数学表示：

$$V = \frac{V_m bp}{1 + bp} \qquad (1-1)$$

式中，$V$ 为吸附体积；$V_m$ 为单分子层体积，与比表面积有关；$p$ 为压力；$b$ 为与温度和吸附热有关的常数。

$$V_m = \frac{\Sigma V_0}{N_0 \sigma_0} \qquad (1-2)$$

式中，$V_0$ 为标准状态下气体分子体积，单位为 $cm^3$；$N_0$ 为阿佛加德罗常数；$\Sigma$ 为比表面积，单位为 $cm^2/g$；$\sigma_0$ 为一个吸附位的面积。

将兰氏理论方程转化为直线方程：

$$\frac{p}{V} = \frac{1}{V_m b} + \frac{1}{V_m} p \qquad (1-3)$$

以 $p/V$ 对 $p$ 做图，可以得到一条直线，从其斜率和截距可以求出 $V_m$ 和 $b$ 值。

（3）吸附能力。

页岩气在页岩储集层中一部分以吸附态存在，页岩吸附能力的大小决定页岩中气的富集程度，最直接的表现为吸附气量的大小。页岩对天然气具有较强的吸附能力，这与页岩和天然气分子结构的性质有关。页岩除了具有一种双重孔介质结构，还具有较大的内表面积，特别是裂隙对天然气分子的吸附起到关键的作用。

吸附等温线：与常规天然气藏不同，部分页岩气以吸附方式赋存，当气体产出储层压力下降时，吸附气以非线性的方式释放。在页岩气研究中，利用恒温下的吸附实验做出吸附气等温线，可以较直观地反映出页岩的吸附特性，从而了解页岩对页岩气的吸附能力和压力对应关系。

（4）吸附能力的控制因素。

页岩对页岩气的吸附能力直接决定吸附气量的大小，因此有必要对页岩吸附能力的控制因素进行研究。在众多的因素中，页岩组成、孔隙裂缝度、孔隙结构、温度、压力等对控制着页岩的吸附能力具有明显的控制作用。

①页岩组成。页岩主要由黏土矿物、粉砂质（石英颗粒）、有机质组成。石英等粉砂级矿物颗粒主要充填于页岩的孔隙中，造成孔隙变小，从而减少了供天然气分子吸附的比表面，所以矿物质含量高，不利于天然气分子的吸附；黏土矿物具有层间和晶间微孔隙，增大了颗粒的比表面积，因此黏土矿物含量高，有利于天然气分子的吸附；总有机质含量与吸附量关系密切，在相同压力下，总有机碳含量较高的页岩比其含量较低的页岩的甲烷吸附量明显高。

②裂缝、孔隙。一般泥页岩的裂缝、孔隙发育会使孔隙度增高，进而增大页岩中颗粒的比表面积，因而，裂缝、孔隙的增加不但对游离方式天然气的赋存有利，还有利于提高页岩的吸附能力。

③孔隙结构。岩石的孔隙结构，关系到比表面积的大小，从而对岩石的吸附有很大影响。

④温度。气体吸附是放热过程，要提高岩石的吸附能力，需要控制并降低温度。无论是物理吸附，还是化学吸附，温度升高引起解吸趋势的增加，会降低岩石的吸附能力（据张开，1996）。

⑤压力。根据前面已述，页岩对天然气分子的吸附能力与压力的关系密切，从吸附等温线上可以看出，岩石中的吸附气含量随压力的增加而增大。

2）游离机理

游离状态的页岩气存在于页岩的孔隙或裂隙中，气体可以自由流动，其数量的多少决定于页岩内自由的空间。这一部分自由气体，称为游离态气体。当气体分子满足了吸附后，多余的气体分子一部分就以游离状态进入岩石孔隙和裂隙中。

游离气量的数学计算公式如下（理想气体状态方程）：

$$PV = \frac{M}{\mu RT} \tag{1-4}$$

式中，$V$ 为气体体积，单位为 $cm^3$；$M$ 为气体质量，单位为 kg；$\mu$ 为摩尔质量，单位为 kg/mol；$T$ 为绝对温度，单位为 K；$P$ 为气体压力，单位为 MPa。

3）溶解机理

当天然气分子从满足吸附后很可能进入液态物质中发生溶解作用。页岩气一部分以溶解态存在于干酪根、沥青和水中。溶解机理主要以间隙充填和水合作用的形式表现出来。

（1）间隙充填。

页岩气体分子和液态烃类接触，由于分子的扩散作用进入干酪根和沥青等烃类分子间的空隙中的作用，称为间隙充填。间隙充填主要受温度和压力影响较大。

（2）水合作用。

页岩中气体分子和水分子相互作用结合或分解的过程为水合作用。这是一个可逆过程，当结合和分解的速度相等时它们之间就达到了一种动态平衡。

（3）溶解气量。

由亨利定律知：

$$p_b = K_c C_b \tag{1-5}$$

式中，$p_b$ 为溶质在液态物质上的蒸气平衡分压，单位为 Pa；$C_b$ 为气体在液态物质中的溶解度，单位为 $mol/m^3$；$K_c$ 为亨利常数。

将上式变形得到：

$$C_b = \frac{1}{K_c}p = K'_c p \tag{1-6}$$

式中，$K_c$ 为溶解常数。

得出溶解气量：

$$n = C_b V_b \tag{1-7}$$

式中，$V_b$ 为溶液的体积，单位为 $m^3$。

利用相关参数建立下列函数关系式：

$$V_溶 = f\,(Z,\ C_b,\ V_b,\ R,\ T,\ p)  \qquad(1-8)$$

该定律表明，在一定温度下气体在液体中气体的溶解度与压力成正比。溶解度取决于液体的温度、矿化度、环境压力和气体成分等。

4）综合赋存机理

页岩气以上述三种机理赋存并不是相互独立的，一成不变的，当页岩生烃量发生变化或外界条件改变时，三种赋存机理的表现形式可以相互转化。

页岩气量综合表达计算公式如下：

$$V = \alpha V_游 + \beta V_吸 + \gamma V_溶 \qquad(1-9)$$

$$V = \alpha \cdot \frac{ZnRT}{p} + \beta \cdot \frac{V_m bp}{1+bp} + \gamma \cdot \frac{ZC_b V_b bp}{P} \qquad(1-10)$$

式中，$\alpha$、$\beta$、$\gamma$ 分别是页岩气游离态、吸附态、溶解态综合赋存系数。

## 1.2　四川盆地海相页岩储层特征

四川盆地海相页岩储层以龙马溪—五峰组页岩为主，并获得了页岩气的商业发现。其中川东南焦石坝地区的龙马溪组地层自下而上可分为3个岩性段，该地层下部为灰黑色—黑色碳质泥岩、页岩，中部为一套浊积粉砂岩、细砂岩夹灰色、深灰色泥岩，上部为灰色泥岩夹少量粉砂岩。因而，自下而上可近一步划分为龙一、龙二、龙三段计三个亚段。

（1）龙二段/龙三段界面划分。龙三段与龙二段以泥岩与浊积砂岩顶部粉砂岩、泥质粉砂岩岩性界面为分界。

（2）龙一段/龙二段界面划分。龙二段底部岩性为浊积砂岩，泥质含量低。龙一段上部岩性为含粉砂碳质泥页岩，泥质含量高。在龙二段与龙一段接触面处伽马曲线有一明显的低值，而电阻率曲线则为明显高值，龙一段整体上伽马值突然升高，而电阻率则呈现低值的特征。

在四川盆地对海相页岩储层的分类评价主要是以富有机质泥页岩段的上覆及下伏地层岩性为准。如果顶底板为泥岩和致密灰岩，且厚度大于50m，则为Ⅰ类；如果顶底板泥岩和致密灰岩厚度介于30~50m之间，则为Ⅱ类；如果顶底板泥岩和致密灰岩厚度介于30~10m之间，则为Ⅲ类区；如果顶底板泥岩和致密灰岩厚度小于10m，主要以基本不具有封盖能力的岩性（如砂岩、粉砂岩）为主，则为Ⅳ类区。

### 1.2.1　海相页岩沉积相特征

大量的勘探资料表明，沉积相的特征与储层具有一定的联系。从焦石坝地区的钻井岩屑、岩心观察、岩心薄片、测井相分析的基础上，根据岩石学标志、常规测井标志、成像测井标志等各种沉积相识别标志，结合岩石组合特征、沉积组构特征、剖面序列特征、古生物特征、电性特征等资料，分析认为四川地区主力页岩储层（龙马溪组一段—五峰组）主要为滨外陆棚相，进一步划分为深水陆棚亚相、浅水陆棚亚相两个亚相（图1-1）。

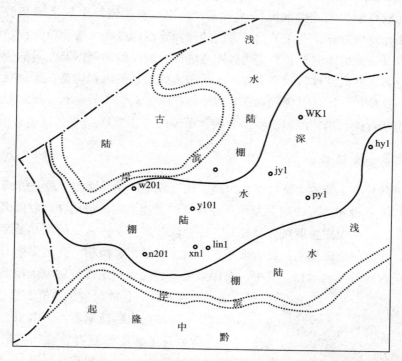

图1-1　四川盆地及周缘志留系沉积相示意图

从区内目前钻探情况来看，四川地区储层在深水陆棚及浅水陆棚两个亚相内均有分布，但相对比较而言，深水陆棚相的页岩储层更加发育。

1）深水陆棚亚相

深水陆棚处于浅海陆棚靠大陆斜坡一侧的、风暴浪基面以下的浅海区，一般来说环境能量较低，水体安静，沉积物主要由灰黑色、黑色泥岩、页岩、含粉砂页岩夹纹层状碳酸盐岩、粉砂岩薄层组成，黑色页岩常呈薄层状，具毫米级纹层状或片状页理构造，黄铁矿常呈星散状或纹层状分布，水平纹层发育。生物化石个体多，门类单调，几乎全为漂浮生活的笔石，局部地区见少量的放射虫和硅质海绵骨针，反映了安静贫氧的滞留水体沉积环境。

深水陆棚内微相主要包括含放射虫碳质笔石页岩微相，含碳泥质生屑灰岩微相，含骨针、含放射虫碳质笔石页岩微相，含碳质笔石页岩微相等。

2）浅水陆棚亚相

浅水陆棚位于过渡带外侧至风暴浪基面之上的浅海陆棚区，水体较浅，沉积物以暗色细粒的陆源碎屑物质为主，见清水沉积的碳酸盐岩薄层或透镜体。该沉积区还间歇性地受到其他水流（风暴流、潮流和密度流等）的影响和改造，从而使沉积体发生分异，形成了相对高能的陆源碎屑砂或碳酸盐颗粒沉积物组成的风暴层以及低能的以泥页岩为主的砂泥质陆棚、灰泥质陆棚以及泥质陆棚等沉积体。暗色页岩常具细纹状水平层理、水平微波状层理的沉积构造；生物化石以笔石为主，见少量的腕足、珊瑚、三叶虫、棘皮类、双壳类等化石。浅水陆棚内微相主要包括含碳、粉砂泥岩微相，含碳含粉砂泥岩微相等。

## 1.2.2　海相页岩沉积微相特征

通过薄片鉴定及古生物特征，识别了焦石坝地区龙马溪组一段—五峰组（龙一亚段）沉积微相。五峰组共发育 2 种常见的微相类型，包括含放射虫碳质笔石页岩微相，含碳泥质生屑灰岩微相。龙一亚段共发育 4 种常见的微相类型，包括含骨针、含放射虫碳质笔石页岩微相，含碳、粉砂泥岩微相，含碳质笔石页岩微相，含碳含粉砂泥岩微相。其中，对储层最有利的微相是含放射虫碳质笔石页岩微相及含骨针、含放射虫碳质笔石页岩微相。

1）含放射虫碳质笔石页岩微相

含放射虫碳质笔石页岩微相主要发育在五峰组和龙马溪组下部（图 1-2），含骨针、含放射虫碳质笔石页岩微相主要发育于龙马溪组一段下部，岩性主要为灰黑色碳质笔石页岩夹含放射虫碳质笔石页岩及黄铁矿薄层、条带或条纹状，含少量粉砂，页岩富含笔石、硅质放射虫生物，见少量硅质骨针，笔石含量最高达 85%，放射虫含量最高达 30%。笔石种属以栅笔石为主，有少量原地腕足类及

图 1-2　页岩岩心中的笔石化石
（龙马溪组一段）

介形类等化石相混。页岩较纯,水平层理发育,见黄铁矿呈条纹状富集成层,含量约为 1%~8%,一般 2% 左右。地化特征上表现为高 TOC 和低 Th/U 值。测井曲线表现为高的自然伽马值,曲线形态多呈中高幅齿状特征。

2) 含碳泥质生屑灰岩微相

含碳泥质生屑灰岩微相主要发育于五峰组顶部观音桥段,岩性主要为黑灰色含碳泥质生屑灰岩。区内的含碳泥质生屑灰岩主要为颜色相对较浅的灰色、深灰色灰岩呈薄层或透镜体状夹于灰黑色、黑色泥页岩中,主要为深水碎屑流沉积的产物。生屑主要以腕足类碎片或碎屑为主,棘屑次之;分选性较差,大小混杂,无序分布。纵向上具有自下而上生屑颗粒由大变小、含量相应减少的特点,呈正粒序递变特征,是较典型的深水环境碳酸盐岩碎屑流沉积的岩石类型。在测井曲线上自然伽马、无铀伽马值均为相对低值,FMI 成像测井表现为"高亮"的特征。

3) 含碳粉砂质泥岩微相

含碳粉砂质泥岩微相主要发育于龙马溪组一段中部,岩性主要为黑灰—灰黑色含粉砂、含碳质笔石页岩与同色中—薄层状含笔石、碳泥质粉砂岩及深灰色薄层状、条带状或条纹状粉砂岩组呈略等厚频繁韵律互层,其间夹黄铁矿薄层、条带或条纹状。岩石中含 4% 左右粉末状黄铁矿晶粒,所含笔石均顺层分布,原地生态特征,见少量硅质放射虫相伴。

含碳粉砂质泥岩微相为浅水陆棚环境低密度浊流沉积产物,在砂层中常具有流动成因的层理,缺少波浪作用形成的层理,有时可见各种印模,粒级递变现象较明显,往往具有不完整的鲍马序列。测井曲线表现为相对低的自然伽马值,电阻率值较高,曲线形态多呈箱型,FMI 成像动态图显示为黄色、暗黄色和暗色,可见亮色薄粉砂条。

4) 含碳质含笔石页岩微相

含碳质含笔石页岩微相主要发育于龙马溪组一段中上部,岩性主要为灰黑色含笔石碳质页岩夹灰黑色含粉砂碳质泥岩,其间夹黄铁矿薄层、条带或条纹状。

岩石中含分散分布的粉末状黄铁矿晶粒,局部见少量保存完整的硅质放射虫。所含笔石化石均顺层分布,局部相对富集成层。测井曲线表现为自然伽马值较高,电阻率值较低,动态图显示为暗黄色和暗色,水平层理发育。

5) 含碳含粉砂泥岩微相

含碳含粉砂泥岩微相主要发育于龙马溪组一段上部,岩性主要为灰黑色含粉砂质碳质泥岩与灰黑色含笔石碳质页岩约 3∶1 互层。常见粉砂团块、粉砂岩薄层、纹层、条纹、底冲刷面,水平层理相对不发育,波状层理发育,常见生物扰动构造。黄铁矿富集在粉砂团块、薄层、纹层和条纹中。泥岩中见少量的笔石生物化石，笔石种属以半耙笔石、单笔石为主，偶见放射虫。地化特征上表现为相对低的 TOC 和相对高的 Th/U 值。测井曲线表现为自然伽马值较高，电阻率值较低，动态图显示为黄色、暗黄色，为韵律互层特征。

### 1.2.3　地化特征及优质泥页岩厚度

泥页岩有机地化特征不但影响着岩石的生气能力，而且对岩石的储集能力（尤其是吸附能力）具有重要的控制作用。富含有机质页岩中生成天然气的数量主要取决于以下 3 个因素：①岩石中原始沉积的有机物质的数量，即岩石中的有机碳含量；②不同类型有机物质成因的联系和原始生成天然气的能力，即有机质类型；③有机物质转化成烃类天然气的程度，即有机质热演化程度。前两个因素主要取决于沉积位置的环境，而第三个主要取决于沉积后热演化的强度和持续时间，或是在最大埋深下的压实变质作用。

（1）有机质含量的控制作用。页岩中有机质含量对页岩气成藏的控制作用主要体现在页岩气的生成过程和赋存过程中。岩石中总有机碳含量不仅在烃源岩中是重要的，在以吸附和溶解作用为储集天然气方式的页岩气储层中也是很重要的。

有机质的含量是生烃强度的主要影响因素，它决定着生烃的多少，因此，对页岩气成藏具有重要的控制作用。Schmoker 将有机质超过 2%（包括 2%）的泥盆系页岩定为"富有机质的"页岩。页岩气藏要求大面积的供气，而有机质页岩的分布和面积决定有效气源岩的分布和面积；从裂缝中聚集的天然气以大面积的活塞式整体推进为主要方式，因此必须有大量的天然气生成；页岩气藏要求源岩具有长期生气、供气的能力，而有机质含量决定生气量的一个主要因素，高的有机碳含量意味着更高的生烃潜力。

页岩的总有机碳含量与页岩对气的吸附能力、产气率之间存在正相关的线性关系，例如沃斯堡盆地 Barnett 页岩、阿巴拉契亚盆地 Chattanooga 页岩 TOC（$y$）与页岩气产率（$x$）之间存在 $y = 27.538x + 67.886$ 和 $y = 66.59x + 60.154$ 的正线性关系，其他页岩产层也多具有类似特征。在相同压力下，页岩有机碳含量越高，甲烷吸附量越高。在对 Antrim 页岩总有机碳含量与含气量关系的研究中发现，页岩的含气量主要取决于其总有机碳含量。有机碳含量进而影响到页岩气的产量，在有机碳含量高的地区页岩气的产量比有机碳含量低的地区要高。而且总有机碳含量还可以帮助我们准确地确定储层中的岩石孔隙度和含水饱和度。含气页岩中的总有机碳含量一般在 1.5% ~20%。Barnett 页岩的总有机碳含量平均在 4.5%，未熟的岩石露头高达 11% ~13%。

（2）干酪根类型。通过对页岩中干酪根类型的分析，可以为我们提供有关烃源岩可能的沉积环境的信息。干酪根的类型不但对岩石的生烃能力有一定的影响作用，还可以影响天然气吸附率和扩散率。一般来说，在湖沼沉积环境形成的煤系地层的泥页岩中，富含有机质，并以腐殖质的Ⅲ型干酪根为主，有利于天然气的形成和吸附富集，煤层气的生成和富集成藏也正好说明了这一点（煤层中有机质的含量更加丰富，煤层的含气率一般为页岩含气率的 2 ~4 倍）。在半深湖—深湖相、海相沉积的泥页岩中，Ⅰ型干酪根的生烃能力和吸附能力一般高于Ⅱ型或Ⅲ型干酪根。如美国页岩气盆地的页岩中的干酪根主要以Ⅰ型和Ⅱ型干酪根为主，也有部分Ⅲ型干酪根。

（3）镜煤反射率（热成熟度）。在热成因页岩气的储层中，烃类气体是在时间、温度和压力的共同作用下生成的。热成熟度可以帮助我们了解储层中是以石油为主，还是以天然气为主或是不产油气。干酪根的成熟度不仅可以用来预测源岩中生烃潜能，还可以用于高变质地区寻找裂缝性页岩气储层潜能，作为页岩储层系统有机成因气研究的指标。干酪根的热成熟度也影响页岩中能够被吸附在有机物质表面的天然气量。含气页岩的热成熟度通常用 $R_o$ 来表示，对于质量相同或相近的烃源岩，一般来说 $R_o$ 越高表明生气的可能越大（生气量越大），裂缝发育的可能性越大（游离态的页岩气相对含量越大），页岩气的产量越大。热成熟度控制有机质的生烃能力，不但直接影响页岩气的生气量，而且影响生烃后天然气的赋存状态、运移程度、聚集场所。适当的热成熟度配合适宜的生烃条件使生气作用处于最佳状态。以俄亥俄东部和宾夕尼亚西北部产页岩气区为例，勘探区位于东面的 0.8kg/cm² 有机质等值线和西面 $R_o$ 为 0.6% 的等值线之间。如果泥页岩具有足够的厚度和裂缝孔隙度，这些地区可能是勘探和开采页岩气的有利远景区。页岩的热成熟度指标 $R_o$ 可以从 0.4% ~0.6%（临界值）到 0.6% ~2.0%（成熟）。页岩气的生成贯穿于有机质向烃类演化的整个过程，不同类型的有机质在不同演化阶段生气量不同，如美国五大产页岩气盆地页岩的 $R_o$ 值均大于 0.4%。

四川盆地川东南地区龙马溪—五峰组下部暗色泥页岩具有 TOC 高、厚度大的特点，按照 TOC >0.5% 的标准，暗色泥页岩厚度一般为 40 ~120m，最优质的页岩气层段发育在龙马溪组下部，TOC > 2% 的优质泥页岩段厚度一般为 20 ~60m。

焦石坝地区 246 个样品分析化验数据表明，焦石坝地区龙马溪组一段—五峰

组 TOC 在 0.55% ~6.89% 之间，平均约为 2.62%。其中 jy1 井（173 个样品）
TOC 在 0.55% ~5.89% 之间，平均为 2.54%，厚约为 89m，TOC 整体上有由下
往上降低的趋势。底部有机碳最富集的优质页岩段厚约为 38m，TOC 最小为
1.04%，最大为 5.89%，平均为 3.50%（图 1-3）；jy2 井（57 个样品）分析化
验数据表明，龙马溪组一段泥页岩 TOC 在 0.82% ~5.25% 之间，平均 2.78%，
厚约为 97m，TOC 整体上有由下往上呈降低的趋势。

干酪根碳同位素及酪根镜检表明，jy1 井的龙马溪组一段—五峰组泥页岩干
酪根类型为 I 型。泥页岩中 $\delta^{13}C‰$ 在 −29.3‰ ~ −29.2‰之间；有机质以藻类体
和棉絮状腐泥无定形体为主，见动物碎屑。其中，腐泥组含量在 92.84% ~100%
之间（腐泥无定型体 40.27% ~71.21%，藻类体 28.79% ~52.57%），动物碎屑
含量 0 ~7.16%，未见壳质组、镜质组和惰质组，为 I 型干酪根特征。

焦石坝地区龙马溪组一段—五峰组泥页岩 $R_o$ 平均在 2.6% ~2.9% 之间，处
于过成熟阶段，以生成干气为主。由于焦石坝乃至川东南地区泥页岩干酪根大多
为 I 型，为典型的海相干酪根，缺乏陆源植物，$R_o$ 很难用直接的方法测得，因
而采用测量干酪根沥青反射率（$R_b$），并通过回归公式 $R_o = 0.679R_b + 0.3195$ 转
换为镜质体反射率的方法来获取 $R_o$。根据该方法折算 jy1 井龙马溪—五峰组页岩
$R_o$ 在 2.20% ~3.13% 之间，平均为 2.65%（图 1-3）。

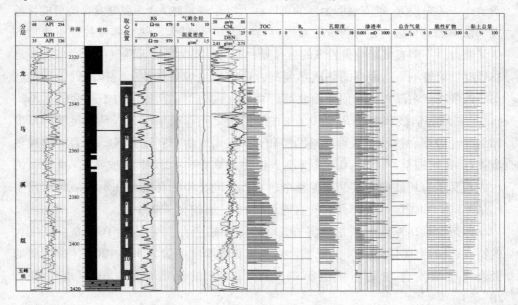

图 1-3　焦石坝地区 jy1 井五峰组—龙马溪一段页岩气综合评价图

### 1.2.4 海相页岩储层特征

鉴于页岩气的生成、运移、富集特点，页岩气成藏主要受泥页岩矿物组成、有机质含量及类型、热演化程度、构造作用及裂缝发育程度等因素控制。

1）页岩矿物组成

页岩作为岩石通常被定义为"细粒的碎屑沉积岩"，但它在矿物组成（例如黏土质、硅质和碳质等）、结构和构造上却多种多样。尽管含气页岩通常被称作"黑色页岩"，这对于我们在页岩气的研究中可能是个误导。页岩的岩性多为沥青质或富含有机质的暗色、黑色泥页岩（高碳泥页岩类），岩石组成一般为30%～50%的黏土矿物、15%～25%的粉砂质（石英颗粒）和1%～20%的有机质，多为暗色泥岩与浅色粉砂岩的薄互层。页岩的矿物组成包括一定数量的碳酸盐、黄铁矿、黏土质、石英和有机碳。

Barnett 页岩在岩性上是由含硅页岩、石灰岩和少量白云岩组成。总体上，岩层中硅含量相对较多（占总体积的 35%～50%）而黏土矿物含量较少（<35%）。Lewis 页岩为富含石英的泥岩，其总有机碳含量变化在 0.5%～2.5% 之间。Antrim 页岩由薄层状粉砂质黄铁矿和富含有机质页岩组成，夹灰色、绿色页岩和碳酸盐岩层。矿物成分对于成功的页岩气井是非常重要的，页岩气的产出依赖于人工造缝的能力、天然裂缝的存在或是可渗透岩相的互层的存在。富含硅质的页岩要比富含黏土质页岩在人工压裂中起到更好的作用。如图 1-4 为美国部分已开发的页岩气层岩石矿物组分的百分含量对比，显示页岩气储集层的石英含量多超过 50%，有些则高达 75%。

焦石坝地区龙马溪组一段—五峰组泥页岩通常含有石英、长石、方解石、白云石、黄铁矿、黏土等矿物，其中黏土主要为伊利石、伊蒙混层、绿泥石等。到目前为止，石英（硅质）是焦石坝地区龙一段泥页岩的主要矿物，其次是黏土，其他矿物含量都很少。焦石坝地区龙马溪组一段泥页岩矿物特征表现为有硅质（石英）矿物含量由上而下升高，黏土矿物含量由上而下降低的特点。根据 jy1 井龙马溪组一段—五峰组（井段 2326～2415m）X 衍射分析，石英等脆性矿物总含量在 33.9%～80.3% 之间，平均 56.5%，石英为含量为 18.8%～70.6%，平均为 37.3%；碳酸盐岩含量为 0～30.9%，平均为 9.9%；黏土含量为 16.6%～62.8%，平均为 40.9%。石英含量自上而下是逐渐增大的，黏土含量逐渐减小。底部厚约 38m 的井段（2377～2415m）为泥页岩中脆性矿物相对富集层段，黏土矿物含量在 16.6%～49.1% 之间，平均为 34.6%。脆性矿物含量在 50.9%～

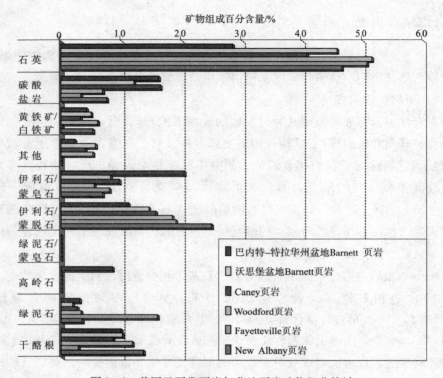

图 1-4　美国已开发页岩气盆地页岩矿物组分统计

80.3%之间，平均为62.4%，石英平均含量为44.4%；其次为长石，平均含量8.3%；白云岩、方解石平均含量分别为5.9%、3.8%（图1-5）。

jy1 井龙马溪组一段—五峰组深水陆棚亚相硅质与 TOC 之间具有较好的耦合性，石英含量随 TOC 的增大而增大（图1-6）；黏土矿物含量与 TOC 之间表现为负相关性，黏土矿物随 TOC 增大而减小。由于龙马溪组一段—五峰组泥页岩组含气量主要受 TOC 的影响，TOC 越大，含气量也越高，因而硅质与 TOC 的协变性，以及黏土矿物含量与 TOC 的负相关性，使得含气量高的层段石英含量也高，黏土矿物含量低，该页岩段可压裂性好，对页岩气的商业性开采具有积极意义。

深水陆棚优质页岩中的硅质与 TOC 的耦合性较上部浅水陆棚页岩较好。研究发现，浅水陆棚硅质为陆源输入石英，而深水陆棚硅质以自生石英为主，这种石英可能是由各种浮游生物、底栖生物或细菌等成烃生物的遗骸和残片经各种成岩作用后演化而来，硅质生物从海水中直接分解和吸收二氧化硅（$SiO_2$）后形成生物机体，当它们死亡后使二氧化硅（$SiO_2$）再次进入水溶液中或直接发生沉淀。这也是优质页岩气段较好的耦合性的重要原因。

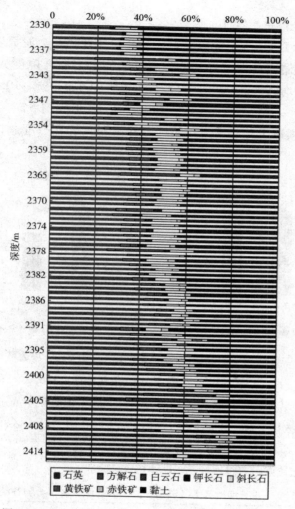

图 1-5 焦石坝地区 jy1 井泥页岩矿物含量纵向分布图

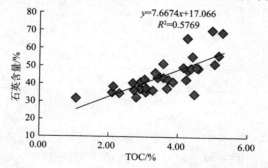

图 1-6 jy1 井龙一段硅质（石英含量）与 TOC 关系图

2）孔隙度及渗透率特征

川东南焦石坝地区龙马溪组一段—五峰组共计 226 个泥页岩物性样品的结果显示，泥页岩储层具有较好的物性特征，储层岩心孔隙度分布在 1.17% ~ 8.61% 之间，平均约为 4.90%；大多数主要集中在 2.0% ~ 10.0% 之间，其中孔隙度范围 2% ~ 5% 占总样的 52.66%，孔隙度范围 5% ~ 10% 占总样的 46.90%。焦石坝地区龙马溪组一段—五峰组泥页岩孔隙度总体表现为低—中孔的特点（图 1-7）。

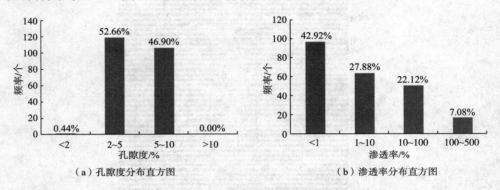

（a）孔隙度分布直方图　　　　　　（b）渗透率分布直方图

图 1-7　焦石坝地区龙马溪组一段—五峰组岩心孔隙度、渗透率分布直方图

龙马溪组一段—五峰组岩心渗透率分布在 $0.002 \sim 335.2 \times 10^{-3} \mu m^2$ 之间，几何平均为 $1.17 \times 10^{-3} \mu m^2$；其中渗透率小于 $1 \times 10^{-3} \mu m^2$ 的样品占 42.92%，渗透率分布 $1 \times 10^{-3} \sim 10 \times 10^{-3} \mu m^2$ 和 $10 \times 10^{-3} \sim 100 \times 10^{-3} \mu m^2$ 区间，分别占总样品数的 27.88% 和 22.12%，表明焦石坝地区五峰—龙一段页岩以特低渗—中渗为主，少数部分为高渗（图 1-7、表 1-1）。

表 1-1　焦石坝地区龙马溪组一段—五峰组页岩岩心物性统计表

| 井号 | 样品数/个 | 孔隙度/% | | | 渗透率/$10^{-3} \mu m^2$ | | |
|---|---|---|---|---|---|---|---|
| | | 最大 | 最小 | 平均 | 最大 | 最小 | 几何平均 |
| jy1 井 | 159 | 7.22 | 1.17 | 4.52 | 335.21 | 0.002 | 0.65 |
| jy2 井 | 48 | 8.61 | 3.87 | 5.80 | 92.54 | 0.002 | 3.98 |
| jy4 井 | 19 | 7.8 | 4.41 | 5.78 | 227.98 | 0.005 | 7.21 |

3）孔渗关系

岩心孔渗关系分析表明，孔隙度与渗透率总体上具有微弱的正相关性（图 1-8），即随着孔隙度增大渗透率呈上升趋势，揭示焦石坝地区龙马溪组页岩储集空间以孔隙为主，同时氩离子抛光照片、现场岩心观察和测井解释表明，龙马溪组构造缝及微裂缝相对发育。综合研究表明焦石坝地区龙马溪—五峰组页岩储层为低—中孔、特低渗—中渗的裂缝+孔隙型储层。

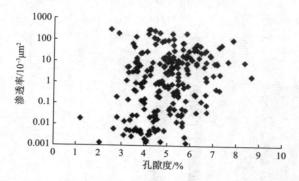

图1-8 焦石坝地区五峰组—龙马溪组一段泥页岩孔渗关系图

4）物性和 TOC 关系

钻遇焦石坝地区龙马溪组一段—五峰组的 jy1、jy2、jy3、jy4 井等的泥页岩孔隙度在纵向上都具有较为明显的三分性，其中龙马溪组一段—五峰组和龙马溪组三亚段总体较高，龙马溪组二亚段相对较低（图1-9）。页岩储层有机碳含量（TOC）介于0.46% ~7.13%之间。有机碳含量与孔隙度之间存在一定的正相关性，但相关性相对较差（图1-10）。这在一定程度说明控制泥页岩孔隙度的影响因素相对较多，有机碳含量只是其中较为重要的因素之一。另外，页岩的深度因素（埋深）也是影响其孔隙大小的另一个因素（图1-11）。

5）储集空间类型及孔隙结构特征

常规油气藏勘探认为泥页岩为烃源岩和盖层，但页岩气勘探开发的成功极大的推动了泥页岩的研究，认识到泥页岩并非仅仅可作为烃源岩，其并非铁板一块，实则"千疮百孔"，还可作为储集层。但其储集方式不同于常规的油气藏，页岩储层中游离气主要赋存在微观孔隙及微裂缝中；吸附气则需要吸附能力较强的吸附质，吸附质主要包含黏土矿物、干酪根颗粒及吸附能力强的有机质等。因此，微观孔隙空间的大小将直接影响着页岩储层含气量大小。

氩离子束抛光扫描电子显微镜技术是对泥页岩孔隙进行高分辨率观察，主要针对纳米级孔隙（直径<10μm）进行研究，识别出的储集空间类型主要有以下几种：①有机质孔；②黏土矿物间孔；③晶间孔；④次生溶蚀孔；⑤裂缝。

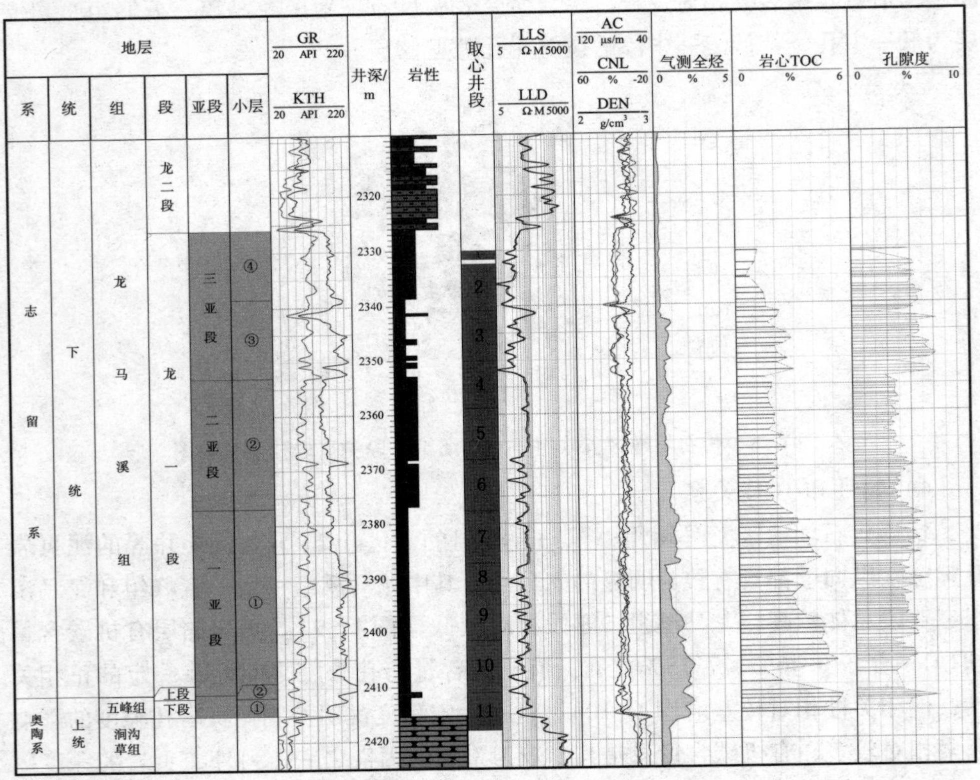

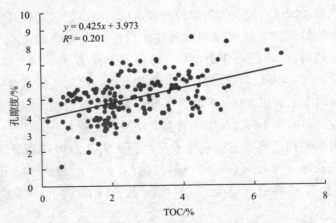

图1-9  jy1 井龙马溪组一段—五峰组岩心孔隙度、测井、TOC 及气测全烃综合柱状图

$y = 0.425x + 3.973$
$R^2 = 0.201$

图1-10  焦石坝地区五峰组—龙马溪组一段泥页岩
TOC 与孔隙度关系图

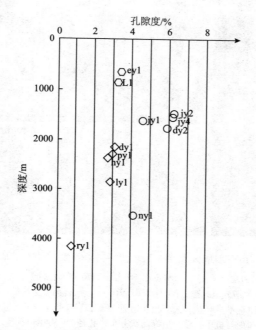

图 1-11　四川地区泥页岩孔隙度与埋深关系示意图

（1）有机质孔。

有机质孔为岩石中保存下来的有机物质（如低等藻类絮团），后期埋藏成岩时受地下温度、压力升高的影响，有机质在裂解生烃的转化过程中内部逐渐变得疏松多孔，这些孔隙就成了生成气体的保存场所。

焦石坝地区龙马溪组一段—五峰组泥页岩中发现的有机质孔隙，主要为纳米孔，孔径主要分布在 2 ~ 300nm 之间，平面上通常为似蜂窝状、泡泡状的不规则椭圆形；某些有机质内部纳米孔数量丰富，一个有机质片内部可含几百到几千个纳米孔，在有机质中的面孔率一般可达 20% ~ 30%，局部可达到 60% ~ 70%（图 1-12）；另外，纳米孔在有机质内部看起来是无规律分布的，但在有机质边缘部分孔隙密度一般会有所减少，这可能与有机质不同部位的成分组成等条件有关。研究发现，有机质孔与其他孔隙主要有两点不同之处：①孔径多为纳米级，为页岩气的吸附和储集提供更多的比表面积和孔体积；②与有机质密切共生，可作为联系烃源灶与其他孔隙的媒介；③有机质孔隙具备亲油性，更有利于页岩气的吸附和储集。总之，这种孔隙非常有利于气体的初次运移和页岩气的赋存，具有重要的页岩气意义。

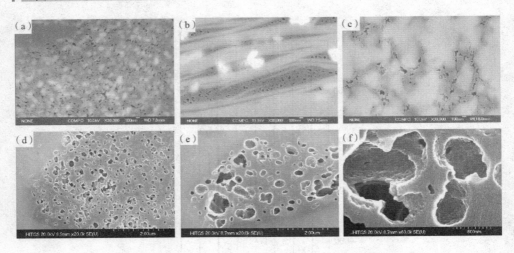

图1-12　焦石坝地区龙马溪组一段—五峰组页岩中有机质孔隙特征

（a）有机质孔隙，孔径2～181nm，jy1井，2376.05m；（b）片状黏土矿物间
充填有机质中纳米级孔隙，jy1井2381.91m；（c）石英等脆性矿物间有机质内
纳米级孔隙，孔隙呈不规则状，大多相互连通，孔径3～295nm不等，jy1井，2411.05m；
（d）近圆形、近椭圆形有机质孔隙，呈蜂窝状分布，孔径7～665nm不等，jy2井，2514.75m；
（e）近椭圆形有机质孔隙，孔隙大小不一，孔径10～879nm，jy4井，2575.19m；
（f）较大的有机质孔隙，孔径600nm左右，为多个孔合并而成，具内部结构，jy4井，2581.15m

（2）黏土矿物粒间孔。

黏土矿物是页岩的主要组成成分之一，这种矿物往往与孔隙发育密切相关，有利于页岩气的聚集。黏土矿间孔是指页岩中片状黏土矿物之间的孔隙，包括黏土矿物与黏土矿物间或与其他颗粒之间的孔隙（图1-13）。这类孔隙具有体积小、吸附性较强、数量多的特点。

焦石坝地区龙马溪组一段—五峰组泥页岩中的黏土矿间微孔多表现为片状黏土矿物边缘的微小裂隙。宽度一般小于1μm，于黏土矿物周缘呈不均匀分布。矿间孔的发育程度与页岩中黏土矿物的数量和种类息息相关，黏土矿物越多，矿间孔越发育，页岩吸附天然气的能力就越强。黏土矿物中的伊利石、高岭石、蒙脱石均发育此类孔隙，其中以伊利石最优，伊利石在扫描电镜下呈弯曲的薄片状、不规则板条状，集合体呈蜂窝状、丝缕状等，伊利石的矿间孔是页岩储层的主要孔隙类型之一。

（3）晶间孔。

通过SEM镜下观察，龙马溪组一段—五峰组泥页岩中发现草莓状黄铁矿在基质中广泛分布。这些草莓状集合体直径约为3～6μm，内部由许多黄铁矿晶粒组成，这些黄铁矿晶粒间往往存在一定数量的纳米级孔隙。草莓状黄铁矿内部的黄铁矿晶粒为规则立方体，边长100～400nm，这些黄铁矿晶粒的形态和排布对

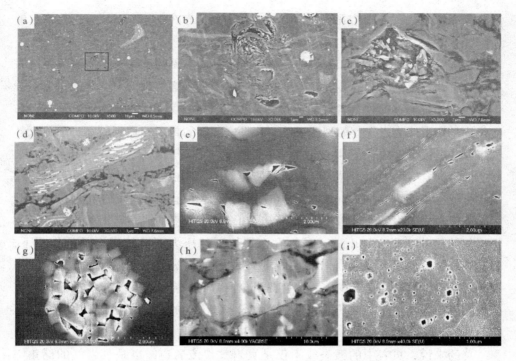

图1-13 焦石坝地区龙马溪组一段—五峰组泥页岩中黏土矿物粒间微孔特征

(a) 黏土矿物粒间孔发育，呈分散蜂窝状分布，jy1井，2335.3；
(b) 黏土矿物粒间孔，为a方框范围放大，具溶蚀特征；(c) 片状黏土矿物粒间
孔及溶蚀孔隙，jy1井，2414.88m；(d) 片状伊利石间孔隙，jy1井，2385.42m；
(e) 片状黏土矿物沿脆性矿物形成楔形孔，jy2井，2456.79m；(f) 片状黏土矿物间
微孔隙，jy2井，2553.53m；(g) 黄铁矿晶间孔，jy2井，2450.25；(h) 长石表面
溶蚀孔，jy4井，2558.79m；(i) 方解石粒内溶蚀孔，jy4井，2570.71m

其中纳米孔的形态起到了决定性作用。其中硅质页岩样品中黄铁矿含量十分丰富，不仅以草莓状存在于基质中，还呈大规模席状平铺在页岩基质中，这些平铺状的黄铁矿颗粒间也存在这种类型的孔隙。这些草莓状黄铁矿数量上的差异，一方面取决于不同岩性沉积条件的差异，另一方面直接影响了页岩气储存空间的大小。另外也见到少量的重结晶形成的方解石晶间孔和自生石英形成的石英晶间孔，在镜下相对较少（图1-13）。

(4) 次生溶蚀孔。

次生孔隙的形成是中成岩期在有机质的脱羧基作用下产生有机质脱羧后产生的酸性水作用下对长石及碳酸盐等易溶矿物溶蚀而产生的次生孔隙。这类孔隙又可分为粒内溶孔（图1-13）和粒间溶孔。粒内溶孔孔径相对较小，主要分布在

$0.05 \sim 2 \mu m$ 之间；粒间溶孔孔径相对较大，主要分布在 $1 \sim 20 \mu m$ 之间。

（5）裂缝。

裂缝对页岩气的运移和聚集的影响作用是显而易见的。泥页岩中裂缝系统发育可以有效的提高储层的裂缝孔隙度，增大游离气的聚集量，发育的泥页岩裂缝作为输导系统能够促进页岩气的运移，对页岩气的开采和常规气藏的形成有利，但是，早期形成太过发育的裂缝系统，使页岩储层的封闭性遭到破坏，造成天然气聚集分散或者散失，不利于页岩气藏的保存。

通常饱含气的泥页岩储层具有很低的渗透率，其孔隙空间太小，即使微小的甲烷分子也不能容易通过。需要多组连通的天然裂缝才能使页岩气进行商业开采。由于页岩中极低的基岩渗透率，开启的、相互垂直的或多套天然裂缝能增加页岩气储层的产量（Hill，2000）。在上覆岩层的压力下及地壳运动的作用下，岩石中可能会产生天然裂缝。储层中压力的大小决定裂缝的几何尺寸，通常集中形成裂缝群。目前，只有少数天然裂缝十分发育的页岩并不采取增产措施便可进行天然气商业性生产。在其他的大多数情况下，成功的页岩气井需要进行水力压裂，形成人工裂缝。

总的来说，页岩中的微裂缝不仅是页岩气渗流通道，也是页岩气的储集空间。微裂缝在页岩气体的渗流中具有重要作用，是连接微观孔隙与宏观裂缝的桥梁（图 1-14 及图 1-15）。

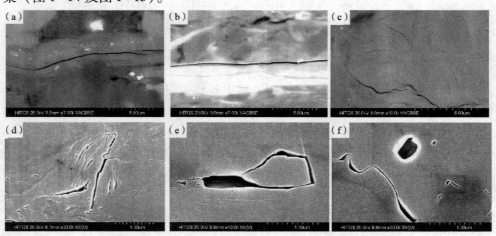

图 1-14　焦石坝地区龙马溪组一段—五峰组泥页岩中微裂缝特征

（a）片状矿物内部微裂缝，jy2 井，2547.60m；（b）片状矿物边缘微裂缝，jy4 井，2537.38m；
（c）脆性矿物内部裂缝，jy2 井，2514.75m；（d）脆性矿物内部裂缝，jy4 井，2537.38m；
（e）脆性矿物粒缘缝，jy4 井，2592.55m；（f）脆性矿物粒缘缝，jy4 井，2592.55m

图 1-15 海相页岩岩心浸水试验中气泡沿微裂缝处释出

氩离子抛光扫描电镜发现，页岩中脆性矿物、黏土、有机质都可发育微裂缝。页岩中的微裂缝主要有两种类型：一种为矿物或有机质内部裂缝；一种是矿物或有机质颗粒边缘缝。颗粒内部的微裂缝一般都比较平直，有轻微弯曲，少有胶结物充填，裂缝宽度在 $0.02 \sim 2\mu m$ 之间；片状矿物间或边缘裂缝比较平直，曲度较小，裂缝长度与片状矿物长度有关，缝宽一般在 $0.02 \sim 5\mu m$ 之间；脆性矿物颗粒边缘微裂缝常呈锯齿状弯曲，甚至围绕矿物颗粒弯曲成一圈，微裂缝宽度一般为 $0.02 \sim 2\mu m$。岩石脆性指数越高，越易形成微裂缝网络，从而成为页岩中微观尺度上油气渗流的主要通道。泥页岩内部若广泛发育短裂缝（图 1-16），既有利于游离气的大量存储，又可以显著地提高储层的渗透性。

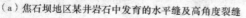

（a）焦石坝地区某井岩石中发育的水平缝及高角度裂缝　　（b）焦石坝地区某井岩心中的擦痕（小型断层引起）

图 1-16 泥页岩内部短裂缝

## 1.3 海相页岩气储层保存特征

自石油工业产生以来，油气盖层与保存就受到勘探者的重视（1860 年，Henry D. Rogers），但同生、储等其他成藏要素相比，盖层与保存条件研究普遍偏弱。这一结果直接导致了油气勘探中的部分失利。所以，在页岩气勘探中，要重视对其保存条件的研究。

泥页岩作为良好的屏蔽层，透气性较差，可作为常规油气藏的盖层。而由于页岩气特殊的赋存机理，致密的泥页岩体可以形成一个封闭且不易渗漏的储集体将页岩气封存在泥页岩层中，因此通常认为页岩气受保存条件的影响较弱。但最近对四川盆地及周缘页岩气勘探成果研究表明（表1-2），保存条件的好坏不仅控制了页岩气的含气量，影响着页岩气中甲烷成分的含量和纯度，还是页岩气富集高产的关键，因此，对页岩气保存条件的评价已显得十分重要。

表1-2 四川盆地及周缘海相页岩气井钻探成果表

| 井号 | 地质条件 | | 含气性 | | 保存条件 | | | | | |
|---|---|---|---|---|---|---|---|---|---|---|
| | 厚度/m | TOC/% | 含气量/$(m^3/t)$ | 产气量/$(10^4m^3/d)$ | 大断裂 | 开孔层位 | 埋深/m | 压力系数 | 气组分 | 评价 |
| y201－H2 | | | | 43 | 不发育 | J | 3500 | 2.2 | $CH_4$ | 好 |
| jy1－HF | 89 | 2.54 | 1.97 | 20.3 | 不发育 | $T_1j$ | 2415 | 1.55 | $CH_4$ | 好 |
| n201－H1 | 101 | 2.8 | 1.5~2.1 | 14~15 | 不发育 | $T_1j$ | 2485 | 2 | $CH_4$ | 好 |
| w201－H1 | 50 | 3.2 | 2.6 | 1.99 | 不发育 | $T_1$ | 1542 | 1 | $CH_4$ | 好 |
| py1HF | 103 | 1.91 | 0.45~2.46 | 1.475 | 不发育 | $T_1j$ | 2160 | 0.9~1.0 | $CH_4$ | 好 |
| z104 | | | | 1~2 | 不发育 | T | 2070 | | $CH_4$ | 好 |
| hy1 | 30 | 1.52~5.68 | 0.86 | | 发育 | $P_2$ | 2167 | | | 差 |
| ty1 | | | 0.48~0.84 | | 发育 | $P_1$ | 800 | | | 差 |
| YQ1 | 52 | 2.12~3.14 | 0.429 | | 发育 | $S_1l$ | 230 | | | 差 |
| yy1 | 115 | 3.2 | 0.1 | | 发育 | $S_1l$ | 320 | | $N_2$、$CO_2$ | 差 |

## 1.3.1 盖层封盖条件

在页岩气藏中，富含有机质的页岩是良好的烃源岩，页岩中的有机质、黏土矿物、沥青质等，以及裂隙系统和粉砂质岩夹层又可以作为储气层，渗透性差的泥质页岩为页岩气藏充当封盖层。

（1）烃源岩：含有大量的有机质含量、分布广泛、厚度较大的泥页岩。可以生成大量的天然气，并且具有供气长期稳定持续的特点。

（2）储集层：与常规天然气的砂岩储集层不同，其主要的特点为：①储集岩为泥页岩及其粉砂质岩夹层；②微孔隙、裂缝是页岩气储集的主要空间，裂缝发育程度和走向变化复杂。一般页岩裂缝的宽度在 2mm 内，裂缝密度一般较大；③天然气的赋存状态具有多变性（据张金川等，2003）。吸附、游离是页岩气赋存的主要方式，少量以溶解方式赋存；④岩石物性较差。因为页岩较为致密，孔隙度、渗透率都比常规储层岩石低，仅在裂缝发育处，渗透率才能有所改善，但对孔隙度的改善不明显。

（3）盖层：在常规天然气藏中，因为泥页岩较为致密、渗透率较低，通常可以作为盖层。虽然页岩气的赋存方式与常规天然气有所不同，但是致密的泥页岩仍然对页岩气藏具有封盖作用。美国的五大页岩气系统盖层的岩性多变，包括页岩（阿巴拉契亚盆地和福特沃斯盆地）、冰碛岩（密执安盆地）、斑脱岩（圣胡安盆地）和页岩/碳酸盐岩（伊利诺斯盆地）（Curtis 和 Faure，1997；Hill 和 Nelson，2000；Walter 等，2000）。盖层条件是油气得以保存的首要条件。由于页岩气特殊的赋存机理及其低孔低渗的特性，页岩气成藏所需的圈闭与盖层条件并不像常规油气藏要求的那么苛刻。页岩是一种致密的细粒沉积岩，它本身就可以作为页岩气藏的盖层。研究海相页岩气的封盖条件，要从区域盖层、页岩层系自身封盖作用、顶底板条件等方面进行论述。此外，页岩气的扩散作用在一定情况下也不可忽视。

区域盖层对于页岩气层系并没有起到直接的封盖作用，但是对于页岩气的压力、地温场等具有重要的意义。评价区域盖层，主要从宏观因素方面来考虑，即盖层的岩性、厚度、连续性及塑性等。

川东南地区龙马溪—五峰组其上部沉积了小河坝组（石牛栏组）—韩家店组深灰色和灰色、灰绿色泥岩、粉砂质泥岩、泥质粉砂岩及致密灰岩，其分布面积较为广泛，且累积厚度大，厚度一般约在 500～1400m 之间并且稳定，反映了该套区域盖层封闭能力稳定和封盖面积大，对川东南龙马溪组一段—五峰组页岩层系保持稳定的温度和压力场具有重要作用，是一套良好的区域盖层。

### 1.3.2 顶底板条件

对于页岩气的保存条件来说，顶、底板的完整性评价相当关键。顶、底板为直接与页岩层段接触的上覆及下伏地层，一方面对页岩气的封存起重要作用，另一方面也影响着页岩压裂改造的效果。顶、底板性质对含气页岩的保存条件非常关键，好的顶板、底板与含气页岩层段可以组成流体封存箱，从而有效减缓页岩气向外运移，从而使页岩气得到有效保存；差的顶板、底板对流体的封闭性差，油气易于向外散失，导致页岩气藏遭到破坏。现阶段的海相页岩气勘探逐渐走向外围及勘探难度增大，一些勘探相对不利地区（构造及断裂相对复杂）的页岩气井经现场含气检测，证明页岩段中的含气量大大降低（钻井页岩段的含烃量也降低），从而造成钻井失利。对这些页岩气专探井的地质及物探资料进行分析发现，构造复杂及顶、底板不完整（破裂）是造成其勘探失利的重要因素——页岩气已经逸散。所以，在页岩气勘探中，应该尽量避免断裂复杂及地震构造解释具有多解性的区域，这样的区域不是页岩气勘探的有利区域。

川东南龙马溪—五峰组页岩气层顶板为大套灰色—深灰色厚层泥岩夹薄层粉砂质泥岩、粉砂岩、致密灰岩、泥岩，底板为奥陶系的涧草沟组和宝塔组连续沉积的灰色瘤状灰岩、泥灰岩、灰岩，浅灰—灰色灰岩、泥灰岩，总厚度约为30～40m，区域上分布稳定，空间展布范围较广且岩性致密（图1-17、图1-18）。jy2井岩心突破压力实验分析显示，龙马溪组二段的粉砂岩孔隙度平均值为

图1-17　宝塔组龟裂纹石灰岩中发育的中华震旦角石（南江地区）

2.4%，渗透率平均值为0.0016mD，在80℃条件下，地层突破压力为69.8～71.2MPa；下伏地层为涧草沟组和宝塔组连续沉积的灰色瘤状灰岩等岩性同样致密，物性较差，孔隙度平均值1.58%，渗透率平均值0.0017mD，在80℃条件下，地层突破压力为64.5～70.4MPa；以上特征反映了龙马溪组一段—五峰组页岩气层顶底板条件对页岩气层具有较好的封隔效果。

从取得商业发现的焦石坝地区来看

图1-18 志留系龙马溪组与下伏的奥陶系灰岩之间的接触关系（川西南）

（图1-19），页岩层段的断裂不发育，页岩上、下部地层的完整性相对较好——表现为地震反射波组的连续性较好。断裂不向上刺穿其他地层，并且影响区域相对较小，这些特点都有利于页岩气的保存。而其他勘探区的页岩气井则表现出顶、底板的完整度相对较差（图1-20、图1-21），对图1-20来说，my1井的灰岩底板断裂相当发育（图1-20中的虚线为断层，实线为解释的页岩底界），是影响其保存条件的因素之一；另从图1-21~图1-23来看，过ty1井的断裂系统相对复杂，并有大型断裂通天，故影响到该区域页岩气的保存条件。从实钻情况分析，这两口井的页岩气显示较差，全烃值较低且页岩岩心浸水试验未见气泡显示。

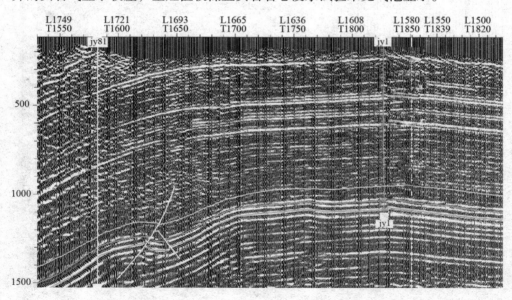

图1-19 过jy81、jy1井的地震解释剖面示意图

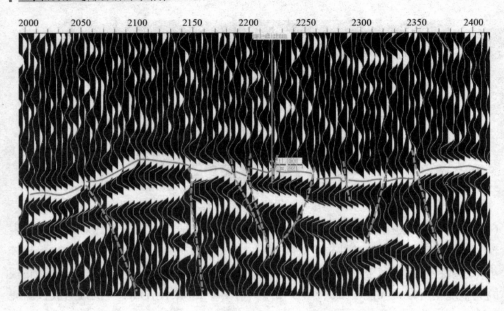

图 1-20　过 my1 井的地震解释剖面示意图（注意页岩底部的灰岩破裂）

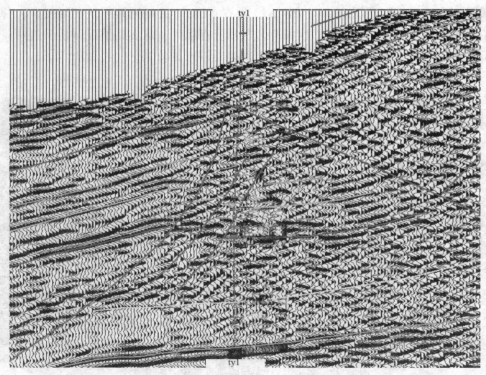

图 1-21　过 ty1 井的地震解释剖面示意图（注意页岩顶部发育的断裂系统）

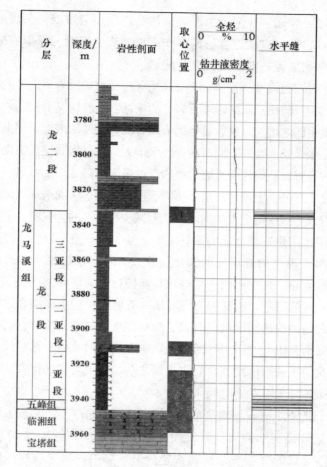

图 1-22  ty1 井岩性柱状图（注意水平缝发育的位置）

图 1-23  ty1 井 5 号取心位置发育的裂缝

### 1.3.3  构造保存条件

构造作用对页岩气的生成和聚集有重要的影响，其影响作用主要体现在以下几个方面：首先，构造作用能够直接影响泥页岩的沉积作用和成岩作用，进而对泥页岩的生烃过程和储集性能产生影响；构造作用还会造成泥页岩层的抬升和下降，从而控制页岩气的成藏过程；构造作用可以产生裂缝，可以有效改善泥页岩的储集性能，对储层渗透率的改善尤其明显。

构造升降运动可以改变地层的温度和压力条件，打破原有页岩气的吸附平衡，使吸附气与游离气相互转化，从而影响页岩气的保存。一般情况下，随着泥页岩埋深的增加，其含气量也随之增加，这主要是因为随着泥页岩埋深增大，泥页岩有机质的热演化程度增高，生烃条件变好；同时随着埋深增大，泥页岩储层压力增大，对页岩气的封闭条件相对变好，从而使泥页岩对页岩气的吸附量随之增加。另一方面，由于构造运动使地层发生抬升，上覆地层遭受不同程度的剥蚀，从而造成吸附气向游离气的转化，而游离气或多或少的会发生逸散，从而减少页岩气的含气量。

四川盆地川东南焦石坝地区的龙马溪组一段—五峰组沉积后，经历了埋藏→抬升→再埋藏→再大规模抬升剥蚀的演化过程，共经历了加里东、海西、印支、燕山、喜山等构造运动。其中燕山—喜马拉雅期构造活动是对龙马溪—五峰组页岩气的保存影响最关键的时期。这是因为龙马溪—五峰组生烃主峰期大致在中三叠世—早白垩世末，之前的构造期次虽然造成了焦石坝地区一定的抬升，甚至剥蚀，但由于在主生烃期之前，因此对页岩气的散失影响不大；但燕山—喜马拉雅期构造活动则不同，其在龙马溪—五峰组泥页岩主生烃之后，对页岩气的保存条件调整较大。

1）抬升及剥蚀作用发生时间

川东南 DS 地区（焦石坝地区的西南方向）地表的三叠系—侏罗系样品中的磷灰石裂变径迹样品显示两期隆升阶段（图1-24），早期（约80~20Ma）为缓慢隆升，晚期（约20Ma至现今）为快速隆升。鄂西—渝东石柱地区地表须家河组样品则显示了三期隆升作用，起始抬升作用时间为130Ma。

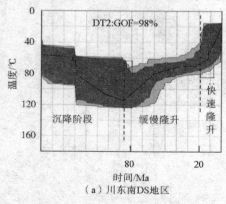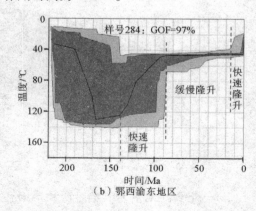

图1-24　须家河组样品磷灰石裂变径迹对比图

受雪峰山造山运动作用，自盆缘造山带向盆地方向构造抬升起始时间变晚，具递进变新的特征；与梅廉夫（2010）研究湘鄂西（165 Ma）向川东华蓥山（95 Ma）构造变形发展的时代变晚相似。根据以上研究，结合现今镜质体反射率资料，推定焦石坝地区 jy1 井燕山—喜山期起始剥蚀时间与 DS 地区相类似，约为 80Ma。

由于燕山—喜山运动以来的持续抬升作用，川东南地区的龙马溪—五峰组海相高演化程度烃源岩生烃作用终止。生烃作用的终止使得页岩气在后期保存中得不到有效的补充。即燕山—喜山期抬升剥蚀作用起始时间越早，对页岩气后期的保存条件越不利。

2）剥蚀作用幅度

剥蚀量对保存条件具有较大影响，四川盆地川东高陡褶皱带焦石坝地区在地质历史过程中最大埋深约为 7500m，构造主体区现今埋深约在 2000～3000m 之间，大约晚白垩世以来的地表剥蚀量为 4500～5500m 左右。虽然焦石坝地区剥蚀量较大，但 jy1HF 井中龙马溪组一段—五峰组页岩气层实测压力系数为 1.55，显示异常高压的特征，反应了在燕山—喜山期抬升剥蚀作用后，焦石坝地区龙马溪组一段—五峰组页岩气层仍具有良好的保存条件。

3）断裂作用

断裂的影响是多方面的，特别是断裂的类型、规模和连通性，对封闭条件影响程度较大。正断层通常呈张性，封闭性相对较差；逆断层多呈压性、压扭性，封闭性能好（四川盆地海相地层中大多数发育逆断层）。断裂规模大，断裂相对宽、充填物少，周边裂隙发育，页岩气容易散失；相反，断裂规模小，断裂窄，被充填物全充填，裂隙不发育的地带，页岩气不易散失，保存条件好。大规模的断裂作用可以使裂缝发育程度增大，可以波及到很多地区。断裂作用在一定程度上控制着页岩气的成藏，控制着页岩层中天然气的运移方向、成藏规模、成藏气量。页岩内天然气的运移基本上是依靠裂隙作为通道的，裂隙的发育主要依靠断裂作用的造隙功能（图 1-25）。页岩气的成藏规模受到诸多因素的控制，但适度的断裂

图 1-25　川东北地区龙马溪组页岩中发育的断裂及伴生裂缝

作用创造的裂隙网络和裂缝网络为其扩展和延伸起到关键的作用，但是过度的断裂作用可以使储层破坏，造成天然气聚集分散。断裂作用形成的裂缝网络可以吸附和保存大量的天然气，从而提高成藏气量。

　　焦石坝构造主体以寒武系膏岩层为界分为上下两套断裂系统。其中包括龙马溪—五峰组上断裂系统构造变形层形态基本一致，断裂不发育，东西向为似箱状构造，西南到东北方向为逆冲断层下盘的一个缓坡断鼻构造。目的层断裂系统顶底分别消失于志留系砂泥岩及寒武系膏岩中（图1-26），并且在地表上页岩气勘探区内没有发育大型断裂（图1-27），区域大型断裂（齐岳山断裂）主要分布在焦石坝的东部，该大型断裂与相关小断裂围筑成页岩气勘探区，勘探区内地表相对平缓——相当适于页岩气勘探。在目的层构造平面图上显示，焦石坝地区的龙马溪—五峰组主要发育两组断裂，断裂走向以 NE、NW 向为主，断层主要为逆断层，虽然对页岩气的保存起到破坏作用，但影响相对较弱——断层附近页岩气水平井的产能相对较高（图1-28）；如果背斜被断层切割而破坏（图1-29），则对页岩气的保存不利（页岩气已逸散）。总的来说，虽然构造主体周边断层发育，但构造主体部位的断层不发育，有利于页岩气的保存。

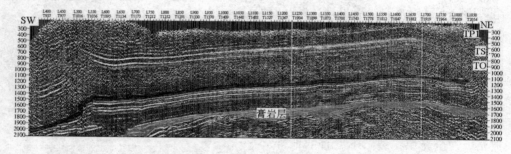

图1-26　焦石坝地区断裂系统发育特征地震剖面图

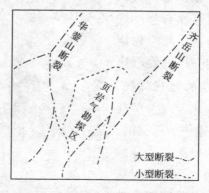

图1-27　焦石坝地区周围断裂系统发育特征示意图

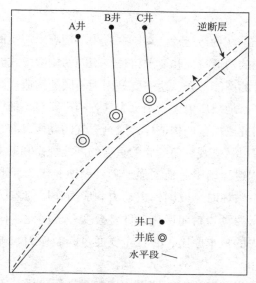

图1-28 焦石坝地区断裂走向及附近水平井轨迹分布示意图

（其中 A 井天然气产量计 22.1×10⁴m³/d，B 井天然气产量计

20.5×10⁴m³/d，C 井天然气产量计 10.5×10⁴m³/d）

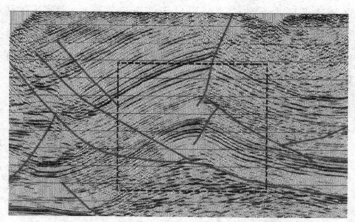

图1-29 某背斜核部被断层切割破坏示意图

（见虚线框内，淡黑色为解释的断层）

以上分析可知，焦石坝地区龙马溪组一段—五峰组含气层段在小河坝组—韩家店组区域盖层、龙马溪组二段及涧草沟组—宝塔组顶底板条件以及泥页岩自身封盖能力的共同作用下，虽然经历了燕山—喜山期抬升剥蚀以及断裂等的破坏作用，但现今构造稳定，保存条件良好，龙马溪组一段—五峰组地层压力系数达到1.55，显示为超高压，能够为页岩气的高产提供了足够的能量。

#### 4）构造样式

构造样式是指同一期构造运动、在同一应力环境下所产生的构造变形组合。它们应具有相似或相同的构造特征和变形机理。不同的构造样式影响到页岩气的保存条件，也使页岩气井的产能各异，这主要是因为不同的构造样式引起的地层压力差异所致。通常情况下，地层压力大，则页岩气井的产能高；地层压力小，则页岩气的产能低。所以，研究勘探区的构造样式对页岩气的勘探具有重要意义，这是一个潜力评估的过程，可以从宏观的角度来看页岩的产能规模和勘探潜力。

当过于强烈的构造运动引起地层强烈隆升剥蚀、褶皱变形、断裂切割、地表水下渗以及压力体系破坏时，或因构造动力和应力作用使盖层岩石失去塑性或底板灰岩发育断裂时，泥页岩封闭保存条件将会变差。因此，构造运动改造强度是页岩气藏破坏与散失的根本原因，并且主要通过断裂作用和剥蚀作用改变页岩气的保存条件。

对现阶段海相页岩井的所在的地下构造样式进行分析，不同的构造样式对页岩气井的产能影响很大。一般情况下在页岩气勘探方面，四川盆地内的背斜模式相对比向斜模式有利，而四川盆地外则向斜模式比背斜模式有利（图1-30）。高压力系数的区域比低压力系数的区域更易于使页岩气释放，所以在盆地内背斜区域布井往往更容易获得高产工业气流，大量的勘探实例也证明这个论点。当然，如果压裂条件允许，勘探者也可以考虑向盆地内的深层页岩气依据有利的构造模式进行择点勘探，也容易获得油气突破。

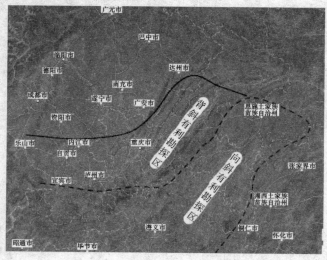

图1-30　四川盆地及外缘海相页岩有利勘探区域及模式示意图

（1）背斜构造。四川盆地海相地层主要受到逆断层的推覆作用，往往形成背斜或向斜构造。背斜构造也可分为多种类型，有宽缓的背斜、窄背斜及断背斜等。由于断层的破碎作用，所以断层附近的页岩气一般保存条件都不好；也正是由于断层的作用，离开断层一段距离则页岩中的微型裂缝相对发育，这也为页岩气的水平井压裂提供条件。所以对断层的评价要一分为二来看待，即断层对页岩气有破坏作用，但远离其一段距离则页岩层中的微裂缝相对发育，有利于页岩气的解析及压裂。

从图1-31（a）及图1-31（b）来说，页岩气产区的主体构造为背斜构造，都为大型逆冲断层推覆所造成，逆冲断层的下盘有小型的向斜构造，该向斜构造可造成页岩气层具备一定的封闭、封存条件；也由于向斜构造与页岩气区的背斜构造相连接，故背斜区的压力系数相对较高，压力没有得到释放。另外背斜区域的大型断层的断点大多都位于该背斜的下部，背斜主体部位的页岩层埋深均小于断点的埋深，形成背斜上拱态势，所以该构造形态的页岩层中页岩气保存条件较好以及页岩层中的压力系数也高。实际情况也揭示，A井及B井的压力系数较高，并对其水平井测试后均获高产的工业气流。

从图1-31（c）来说，虽然有背斜构造，但背斜埋深浅，断层与地表沟通，也容易造成压力系数消散。从地震剖面上看，D井位于背斜的侧翼部位，而其背斜结构整体上倾，且其右侧的断层与地表连通情况较好，从D井的测试情况来看，该井的压力系数较低，约为1.08，造成该井的页岩气产能相对较低。而C井位于构造深部位，地层压力系数相对较高（得益于构造或断层的封堵作用），故井的页岩气产能情况相对较好。从大的构造形态来看，两口井相当位于一大型背斜的侧翼部位，该背斜核部相对裸露于地表。

从图1-31（e）来说，F井位于一大型逆冲断层的下盘。在该井的页岩层段中，并没有见到由逆断层产生的向斜构造，可以认为该页岩层的压力存在消散的问题，并且水平段的微裂缝发育情况不理想。实际测试该井（沿页岩层中）的产能并不理想，所以，在逆断层的下盘布设水平井具有一定的勘探风险，这种模式主要没有存在相关的向斜构造并使其压力不至于消散。

（2）向斜构造。向斜构造的两翼往往出露于地表，造成地层的压力消散较为利害，而往往不利于页岩气的产能建设。如地震剖面中的E井、J井［图1-31（d）、图1-31（f）］，向斜区内的断层相对不发育，两井的实测压力系数相对较低，但一般情况下向斜底部的压力系数相对较高，这也为后续的钻井所证实。所以，在向斜区内的页岩气井要打向斜构造的底部或相对靠近底部的区域，并且井位要远离页岩层段的裸露区域（一般要大于3km）具有相当重要的意义。

实际勘探情况表明，向斜底部的应力相对比其两翼的高并且微型裂缝相对发育，要求布设的水平井走向与构造主体的主轴走向一致。

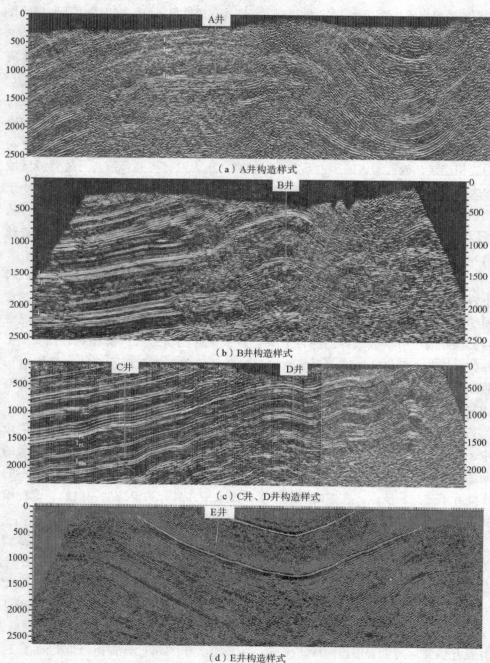

（a）A井构造样式

（b）B井构造样式

（c）C井、D井构造样式

（d）E井构造样式

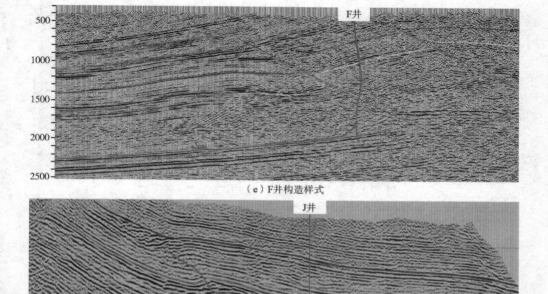

（e）F井构造样式

（f）J井构造样式

图 1-31　海相页岩勘探地区的构造样式示意图

　　向斜构造主要分布在四川盆地的盆外区域，盆外的构造作用相对盆内剧烈，造成该区域上的断裂及背斜、向斜构造发育，并且整体上页岩段的埋深不深，甚至背斜部位的页岩出露地表并受到剥蚀。而盆内的向斜中的页岩段相对完好，保存条件也比盆外的好，压力系数也相对较高，适宜于进行页岩气勘探。另外，盆外保存完整的向斜可作为页岩气勘探的目标区域，而裸露的背斜、破裂及狭窄的向斜往往不适于进行页岩气勘探。

　　另外，地震剖面中的页岩段反射要相对完整，没有大型断层切割，上、下地层相对封闭，这样的页岩层段可适于进行页岩气勘探；其次，这样也利于水平井的布设及后期的压裂作业，压裂作业在页岩气的勘探中也占据相当重要的地位，它可以使页岩气更利于排出并形成产能。

　　总的来说大多数情况下，页岩气勘探有利的构造形式主要有背斜及向斜（图1-32）两大类型。但当这两种类型的核心区域发生破碎时，形势往往可能发生逆转，从而成为对页岩气勘探不利的构造形式（图1-33）。所以，在实际的地质勘探过程中，要实事求是地对相关的构造形式进行研究，确定有利的勘探部位而规避油气勘探风险。

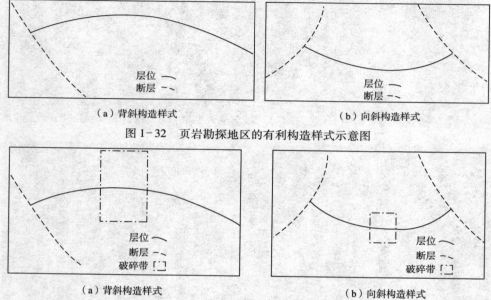

（a）背斜构造样式　　　　　　　　　　（b）向斜构造样式

图 1-32　页岩勘探地区的有利构造样式示意图

（a）背斜构造样式　　　　　　　　　　（b）向斜构造样式

图 1-33　页岩勘探地区的不利构造样式示意图

# 1.4　地球物理技术简介

在页岩气勘探阶段，针对页岩气资源评价和核心区选择，需要落实页岩气藏的富集规律。无论是页岩气藏的特征，还是页岩气藏的形成机理，都与常规气藏迥然不同，控制页岩气藏富集程度的关键要素主要包括页岩厚度、有机质含量和页岩储层空间（孔隙、裂缝等）。页岩层在区域内的空间分布（包括埋深、厚度以及构造形态）状况是保证有充足的储渗空间和有机质的重要条件，而地球物理技术是探测页岩气空间分布的最有效、最准确的预测方法，地球物理技术可包括电法、磁法、重力及地震。页岩中有机质的含量和页岩储层空间包含了有机质丰度、成熟度以及含气性、孔隙度等物性参数，这些参数的确定除了通过岩心的实验分析，测井评价更是重要的手段，可被后续的相关地震数据进行预测并扩展到未知区域。综合运用伽马、电阻率、密度、声波、中子以及能谱、成像测井等技术方法可对页岩储层的矿物成分、裂缝、有机碳含量以及含气性等参数进行精细解释，建立页岩气的储层模型；多种地震技术可在测井的基础上进行区域预测，可为资源评价和页岩气开发核心区的优选奠定基础；另外，鉴于页岩的良好导电性，也可使用电法对其实施勘探，如激发极化法等。

### 1.4.1 测井识别和评价

页岩评价中的脆性矿物含量指泥页岩中石英、长石和方解石等矿物含量总和，一般采用全岩 X 衍射进行测定，脆性矿物的含量关系到页岩储层的压裂效果。含气量是指单位质量的页岩中所含气体的体积，是资源评价和有利区优选的关键参数。含气量的确定方法主要有现场解吸法和测井方法。现场含气量测试包括损失气、现场解吸气和残余气三部分。在没有现场含气量测试数据的探区，可利用测井资料进行解释，也可采用类比法进行确定。

测井结果评价是页岩气储层特征参数评价的主要手段之一。通过岩石物理实验、测试，研究页岩气储层的地球物理响应并建立页岩气识别的敏感参数；通过页岩气储层测井评价方法的建立，提供全井眼连续的黏土矿物组成、含砂量、孔隙度、渗透率，裂缝密度、张度、延展度等参数。

目前非常规油气储层测井评价技术大致分为 4 类：①基于常规油气储层评价思想的定性识别方法；②基于体积模型的储层评价方法；③基于概率统计模型的储层评价方法；④基于神经网络模型的储层评价方法。测井地层评价主要围绕 3 个方面展开：①非常规油气地层的岩性和储集参数评价，包括孔隙度、含气量（包括吸附气、游离气）、渗透率等参数；②烃源岩的生烃潜力评价，主要包括干酪根的识别与类型划分、有机质含量、热成熟度等一系列指标的定性或定量解释；③岩石力学参数和裂缝发育指标的评价。此外，鉴于页岩气储层中不仅存在游离气，更赋存大量的吸附气，所以有机质丰度、游离气、吸附气含气量也是页岩气储层含气性评价的主要参数。现阶段针对页岩气的测井相关技术如下。

（1）针对储层有效厚度及矿物含量预测发展的高分辨率测井技术系列。

（2）针对非常规油气储层孔隙和裂缝预测发展的 ESC 测井和交叉偶极横波测井、多种成像测井等技术系列。

（3）利用多种常规测井技术与新技术有机结合估算非常规油气储层孔隙度、渗透率及含气饱和度等参数的技术系列。

（4）正在发展的随钻测井技术系列，可以实时监控直井、斜井以及水平井，得到更加有效的地层信息，由于和钻井开发直接结合，这种技术可能在非常规油气勘探中得到广泛应用。

综上所述，以往在碎屑岩中建立的测井解释模型、解释理论、评价参数等已不适用于页岩气。因此需要通过岩石物理实验、测井响应特征研究形成页岩气自身的测井解释理论、评价方法，提高页岩气储层评价精度，提高勘探成功率，降低页岩气勘探风险。

图1-34是焦石坝地区龙马溪—五峰组页岩储层的测井综合解释结果图，图中显示了jy1井的测井资料、岩性和矿物解释及流体评估综合数据，可帮助勘探者确定天然气地质储量并根据矿物组成和渗透率确定射孔位置，通过确定优质页岩段位置并在何处钻分支井，实施水平井段的布设。此外，勘探者还可以利用图中的矿物成分形成的矿物曲线图识别页岩中的石英、方解石或白云石。这些矿物的存在增加了页岩气储层的脆性，有助于改善水平井中的造缝效果。

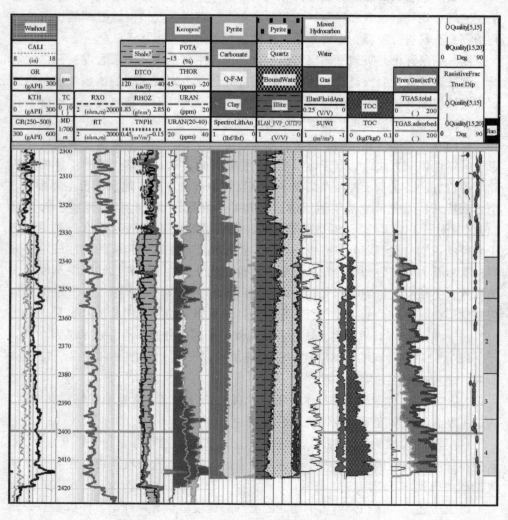

图1-34　jy1井五峰—龙马溪组页岩段测井解释图

## 1.4.2  地震资料品质

高品质的地震资料是页岩气储层预测的基础，也关系到页岩储层预测的准确度。与北美地区平坦、辽阔的地形不同，我国目前重点开展的南方海相页岩气勘探区域主要位于四川盆地边缘、滇北、黔北、安徽及塔里木等地区。这些地区大多以山地地形为主，地震地质条件相对复杂，地面出露的岩层年代一般较老，主要为奥陶系、二叠系灰岩及上三叠统石英砂岩，激发条件较差；局部地区的页岩层其上覆和下伏构造相对复杂，地震速度变化大，地震成像难度大。因此，提高地震资料信噪比和分辨率，有效改善地震资料品质对于我国南方海相页岩气的勘探尤为重要。

中国南方海相页岩气藏勘探在地震采集上面临如下两个主要问题：①主要为山地地形、大面积出露奥陶系、二叠系、三叠系等老地层灰岩，地震激发、接收条件差，原始地震资料信噪比和分辨率较低；②勘探目的层地层倾角较大且埋深跨度大；③早期勘探中主要进行二维地震数据采集，三维地震资料相对较少。在页岩气低成本勘探战略下，如何选择对勘探成本影响最大的道距、覆盖次数及最大炮检距等参数是地震采集的关键。

针对上述难点，在山地二维地震资料采集中，主要开展了3个方面的攻关：①攻关线（段）采用小道距、高覆盖次数、长炮检距的技术测试方案，优选针对目的层的覆盖次数、道距、最大炮检距等参数；②在保证足够信噪比的基础上，开展以小药量为核心的激发试验，优选适合该区的最佳激发参数；③采用数字检波器进行干扰波调查，优选组合串数、组合基距、组合图形等接收参数。对三维地震采集中，则主要开展两方面的攻关：①精细表层结构调查，优化激发接收参数；②选择合理的观测系统，包括面元大小、道距、覆盖次数及最大炮检距等，使全方位角局部偏移距范围内的叠加次数相对均匀，并保证各个方位角的覆盖次数及较大的入射角。其次形成与之相关配套的山地地震资料处理流程，防止虚假构造的产生，真实反映地下的地质情况。山地地震处理的关键技术主要是静校正、去噪、偏移等方法，不同静校正方法可能取得不同的处理效果（图1-35），图中可见全局寻优＋最大能量法剩余静校正的叠加效果好于全局寻优剩余静校正方法（图中椭圆内的反射具有差异）。一般来说，由于叠前深度偏移更能反映地下的构造埋深情况，所以作相关埋深图时建议使用叠前深度偏移的数据体进行目标层位的解释及成图，也可利用该数据体作为水平井钻进时随钻跟踪用的地震数据。

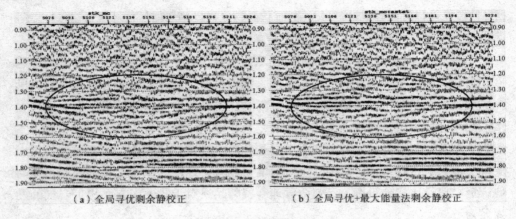

（a）全局寻优剩余静校正　　　　　　　　　（b）全局寻优+最大能量法剩余静校正

图 1-35　不同剩余静校正方法叠加剖面对比

### 1.4.3　各向异性特征研究

　　页岩气储层具有强各向异性特征，各向异性的强度高达 30% ~ 40%，平均约为 15%，传统弱各向异性假设只是特例。大量的岩石物理试验及模型分析表明，页岩储层具有很强的各向异性特征，可见描述砂岩储层的常规岩石物理模型已不足以描述页岩的地球物理响应特征。导致页岩各向异性有多种原因，包括沉积历史和环境（应力场变化、矿物成分等），烃类成熟度，成排的裂缝和晶粒等因素。

　　页岩气储层的各向异性特征必然引起各种地震属性参数的变化，包括由岩性、裂缝、应力、流体饱和度、孔隙压力相互作用所引起的地下地震波速度以及各种弹性参数的变化等。不平衡的水平应力和垂向上排列的裂缝会引起地震速度、弹性参数等随激发—接收方位不同而变化。因此应用方位速度、振幅及频率等属性分析可以衡量出其随方位的变化以及确定其对应的各向异性属性。通过这些研究还可以提供有关应力场和天然裂缝系统的信息。应用方位速度、振幅及频率等属性可以帮助预测可能存在最优应力环境的区域，由此可确定出优质页岩储层的发育部位。此外，当需要利用水力压裂改造天然裂缝密度，进而提高天然气采收率时，现今应力场的研究显得特别重要。从地震速度、振幅及频率等属性的各向异性计算结果估计天然裂缝系统的密度和方位，以及把这些信息与现今应力场分析进行相关，能够确认出有效的致密非均质的页岩储层。

### 1.4.4　地震识别与综合评价

　　以地震技术为主体的气藏描述技术是页岩气储层识别与评价的核心，并在各个页岩气勘探区中得到广泛应用。在勘探阶段，应用页岩气地震技术主要解决资源评价和选区问题。首先从井－震联合入手，准确在地震剖面上标定出页岩气层的顶、底界面以及有效页岩段的位置，进而在地震剖面上识别和追踪页岩储层，得到相关的层位数据；然后通过常规资料解释及构造成图，确定页岩层的深度与厚度，圈出页岩的区域展布特征；最后在岩石物理测试分析和测井识别与评价的基础上，寻找页岩储层的敏感地球物理参数，建立储层特征曲线与地震响应的关系，选用合适的反演技术预测页岩气储层的有利发育区域，综合评价页岩气的资源状况，优选有利开发区域。在开发阶段，应用页岩气地震技术主要解决储层物性问题，直接为钻井和压裂工程技术服务。页岩气地震技术具有独特性，主要运用相干分析与曲率分析等技术，特别是叠前弹性反演、分方位角信息以及多波地震信息，全面研究页岩气储层的各向异性特征，进行页岩段裂缝预测，预测宏观的裂缝发育区带、应力场分布以及岩石的脆性特征，为水平井的部署、井身设计以及压裂改造提供重要的基础数据。

我国目前还没有专门针对非常规油气勘探的地震技术系列，一些相关技术流程也没有建立起来。当前地震采集和处理技术主要以提高构造成像为主，但一批新的方法技术已经被初步应用到工业生产，比如针对鄂尔多斯盆地苏里格致密砂岩气、东北地区采用的高密度、大偏移距、小道距采集技术系列等；四川、鄂尔多斯等盆地大力开展的地震多波多分量勘探技术，大力促进了非常规油气勘探的发展。利用地震技术进行有利储层预测已形成多手段、多系列的特点，主要包括如下几个方面。

（1）地震正、反演技术系列：正演主要体现在数值模拟方面，反演包括各种叠后、叠前反演技术；目前叠后反演主要预测储层厚度，叠前反演在识别储层岩性及流体方面具有重要作用。

（2）地震属性分析技术：包括各种常规地震属性分析、基于 AVO 的多种属性分析和多属性融合技术；地震属性在描述地震相、沉积相以及刻画裂缝、雕刻可能的储集体等方面具有独到之处。

（3）地震裂缝检测技术：包括基于地震属性相干技术、面向对象的像素成像技术、基于叠前方位 AVO/AVA 裂缝检测技术以及多波多分量预测技术。

（4）烃类检测技术：主要体现在吸收和衰减两个方面，并从不同角度有针对性地发展了多项检测技术，例如基于流体因子检测技术、基于神经网络的气层识别方法、基于各种变换的时、频域对比检测技术等。

地震技术在我国多个非常规油气区块勘探中取得较好效果，也在致密砂岩储层预测中得到广泛应用。例如针对吐哈盆地致密砂岩形成有效的地震储层预测技术系列：①利用叠前、叠后波阻抗反演技术预测煤层厚度及煤层下部致密砂岩厚度；②利用 AVO 属性及多属性融合技术预测与含气性有关的岩性参数，进一步确定有利致密砂岩范围，降低反演多解性；③利用订制的测井解释量版，结合前面解释结果，最终可以定性地圈定致密砂岩气中的有利储层。这些技术为致密砂岩气藏上钻提供了依据，多口井位获得工业气流。另外，如淮南煤田开展的三维三分量地震勘探，初步建立了煤层厚度、裂缝发育和煤层气富集的预测方法。长庆油田针对苏里格气田致密砂岩气利用叠前、叠后反演技术、AVO 属性以及烃类检测技术形成一套有效地震储层预测技术系列，并在实际工业生产中带来巨大的经济效益。

尽管成熟地球物理技术的新应用取得了一定的成果，但非常规油气更加复杂的岩性特征及成藏条件使常规地球物理勘探技术应用存在多种困难，主要表现为以下几点。

（1）非常规油气储层强非均质性和各向异性使得储层地质与测井响应及地震预测结果呈现更加复杂的非线性关系，与常规油气预测相比其多解性更强。例如非常规油气藏低孔、低渗的特点导致利用测井方法直接计算储层含气量仍是难点。

（2）目前常规的地震岩石物理分析主要是针对测井响应的交会分析，形式单一，没有综合考虑地下岩性及流体受温度、压力、裂缝等因素的影响，分析得到的结果不精确，同时也无法定量地应用到地震储层预测中来。

（3）目前尚无一套较普遍适用的、定量计算非常规油气储层裂隙参数和评价其孔隙度、渗透性的方法，成为制约测井技术和地震技术推广应用的"瓶颈"。查明非常规油气储层孔隙及裂缝发育情况，是今后地球物理勘探技术的一个主要任务。

（4）常规地震构造成像技术无法满足非常规油气勘探的需求。目前地震成像技术可以归纳为克希霍夫积分法和波动方程微分法。它们存在的共同问题是：在解决高陡复杂构造地震成像问题、保幅保幅、波形保真等方面仍存在不足影响后续地震储层岩性预测，这也是造成目前地震储层预测不准的又一"瓶颈"。

（5）目前常规地震波反演技术最大的问题就是构造模型过于理想化，不能很好适应复杂构造的需要，当构造比较复杂的时候反演结果不可信；另外，大量应用的地震属性技术、烃类检测技术以及反演技术对地震数据质量要求高、依赖性强，但没有和数据处理有机融合，在生产应用中多解性较强。

　　从地球物理角度看，与常规油气勘探一样，非常规油气勘探要解决好如下几点：①储层厚度预测；②储层孔隙度、裂缝预测；③储层含油气量预测；④保存条件分析。二者不同的就是非常规油气储层物性更差、预测难度更大。因此以上述对象为研究的新技术通过有针对性的发展、完善都可以应用到非常规油气勘探这一新领域中来。针对前述5个方面的问题，下面有针对性地介绍几项今后在非常规油气地球物理勘探中可能取得成功的新技术、新方法。

　　（1）目前中国石油已经成功应用万道地震仪、数字检波器进行采集，采集技术已经向宽方位、高密度、大偏移距、小道距方向发展，采集目的已经不局限于构造成像而是直接面向储层预测和油藏描述。例如CGG公司推出的Eye-D技术，具有小道距、长排列、宽方位采集特点，其利用高效可控震源激发，小道距、宽方位接收，优点在于能够展宽频率、提高地震资料纵、横向分辨率，从而提高油藏描述精度。

　　（2）波动方程叠前逆时偏移技术。常规地震处理技术存在的问题是无法解决高陡复杂构造成像问题和无法准确保幅。波动方程叠前逆时偏移技术是基于双程波动方程的一种解决方案，能够对复杂高陡构造精确成像，同时具有适应各向异性和振幅保真等特点。随着计算机技术的快速发展，这种技术已经开始在中国石油、中国石化的多个油田局部尝试。

　　（3）微地震监测技术。微地震监测已成为国外压裂监测常规技术，在国内长庆、胜利、吉林等油田已开始使用此技术。微地震检测技术主要检测由于压裂而引起的油气藏储层破裂产生的微地震活动，确定裂缝发育的空间位置。目前该项技术已经开始应用于非常规油气勘探。

　　（4）井间地震技术。井间地震技术是井资料与地面地震的桥梁。井间地震技术可以很好地解决非常规油气藏横向展布情况，获取储层的高分辨率静态和动态数据，提供高分辨率的下构造信息，甚至比地面地震高出上百倍的解析度。目前辽河、吐哈、大港、大庆等油田开展了井间地震试验。目前国内井间地震勘探理论不成熟，设备落后，采集、处理及解释技术方法有待提高。

　　（5）地震波全波形反演技术。地震波全波形反演技术是一种基于全波场正演模拟技术，从地震数据反演地球物理参数的方法。地震波全波形反演利用叠前地震波场的运动学和动力学信息重建地下速度结构，具有揭示复杂地质背景下构造与岩性细节信息的潜力。近年来，高密度宽方位角的采集方式和高性能计算机技术为全波形反演技术的实际应用提供了可能。由于一次逆时偏移相当于全波形反演的一次迭代，因此全波形反演技术具有常规反演技术无法比拟的优越性：与地震处理技术有机融合，能够在更加准确的地层构造成像和更加真实振幅条件下精确揭示储层岩性与流体特征。目前该技术成为国内外研究热点，相信其在非常规油气地震预测中将发挥重要作用。

（6）地震岩石物理技术。随着地球物理勘探开发从宏观向微观的不断深入研究，地震岩石物理研究重新得到了人们的重视。地震岩石物理技术可以有效地模拟储层的地震响应与传播特征，对于研究非常规油气藏地球物理特征非常重要，目前研究人员已开展大量研究工作。

（7）新的地震属性技术。如多属性融合技术预测"甜点"，频率域 FVO 分析技术预测致密砂岩气等。

### 1.4.5 井中地震技术

井中地震技术是在地面地震技术基础上向"高分辨率、高信噪比、高保真"发展的一种地球物理手段。在油气勘探开发中，该技术可将地质、测井和地震技术很好的结合起来，成为有机联系地质、测井资料和地面地震资料对储层进行综合解释的有效途径。

1）微地震压裂监测

页岩气井实施压裂改造措施后，需要用有效的方法确定压裂作业效果，获取压裂诱导裂缝的导流能力、几何形态、复杂性及其方位等诸多信息，改善页岩气藏压裂增产作业效果以及气井产能，并提高天然气采收率。

微地震压裂监测技术就是通过观测、分析由压裂过程中岩石破裂或错断所产生的微小地震事件来监测地下状态的地球物理技术。该技术有以下优点：①测量快速，方便现场应用；②实时确定微地震事件的位置；③确定裂缝的高度、长度、倾角及方位；④直接测量因裂缝间距超过裂缝长度而造成的裂缝网络；⑤评价压裂作业效果，实现页岩气藏管理的最佳化。

2）其他井中地震技术

VSP（垂直地震剖面）是较为成熟的井中地震技术，是一种地震观测的方法。垂直地震剖面方法是在地表附近的一些点上激发地震波，在沿井孔不同深度布置的一些多级多分量的检波点上进行观测。在垂直地震剖面中，因为检波器通过钻井置于地层内部，所以不仅能接收到自下而上传播的上行纵波和上行转换波，也能接收到自上而下传播的下行纵波及下行转换波，甚至能接收到横波。这是垂直地震剖面与地面地震剖面相比最重要的一个特点。

其中，现阶段的 3D-VSP 技术和微地震采集配套施工配合监测储层改造人工裂缝发育分布状况是国外石油大公司的通常做法。3D-VSP 观测是一种可靠的识别裂隙方向和裂隙密度分布的方法，3D-VSP_P-P 和 P-S 成像用于陆上构造解释，可大大改善纵、横向分辨率和断裂系统分辨率。3D-VSP 测井与地面地震结合体现了综合地震勘探能力。此外，四维地震可用于检测在生产过程中，随着温度压力变化页岩气（游离气及吸附气）的变化情况，以助页岩气开发及优化开采。井驱动地震数据处理是一种提高地震数据处理水平和质量的手段，也是一种发展趋势，使用这种技术配套需要提高地震资料处理技术人员的整体水平。

实际页岩气勘探中也可利用 VSP 技术进行随钻跟踪，确定水平井轨迹的穿行位置。特别是如果勘探区内只有二维地震测线，而没有三维地震资料并且水平井段与相关的二维地震测线不重合，呈某一角度相交状态。在这种情况下，可以沿设计水平井段的走向布设二维 VSP 测线，采集相关的地震数据并精确确定其将穿行页岩段的反射特征，确定是否存在断层、构造起伏等情况，也可利用该 VSP 地震数据进行随钻跟踪。如图 1-36，为过 jy5 井的导眼井及其 jy5hf 水平井的二维 VSP 地震数据剖面，从剖面中可见到目的层段的页岩相对稳定，大型断裂不发育，实钻结果与地质资料吻合性较好，达到了预期的目的。

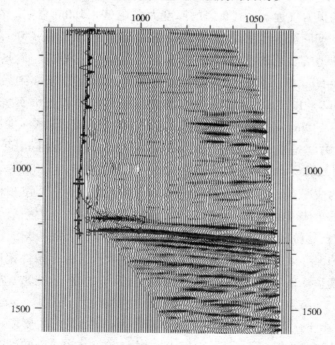

图 1-36　过 jy5、jy5hf 水平井的二维 VSP 地震数据剖面

# 2 精细埋深图编制技术

泥页岩的厚度和埋深也是控制页岩气成藏的关键因素，这也是受控于现阶段的压裂工艺水平。形成工业性的页岩气藏，泥页岩必须达到一定的厚度，才能成为有效的烃源岩层和储集层；另外，页岩层埋深过大，则现阶段水力压裂的造缝效果不明显，影响到页岩气井的产能。所以泥页岩的埋深不但影响页岩气的生产和聚集，而且还直接影响页岩气的开发成本，泥页岩埋深达到一定的深度（一定的温度、压力条件）才能形成烃类气体（包括生物成因气、热成因气）；随着埋深的增加，压力逐渐增大，孔隙度减小，不利于游离气富集，但有利于吸附气的赋存。

一个好的页岩气远景区其页岩的厚度大多在 90 ~ 180m 之间。在美国西阿肯色州的 Fayetteville 页岩厚度在 15 ~ 21m，在东 Arkoma 大约是 180m，到了密西西比海湾的一些地方页岩厚度达到了 305m（Ratchford，2006），坎佩尼阶的 Lewis 页岩有 305 ~ 450m 厚。页岩气储层的埋藏深度从最浅的 76m 到最深的 2438m，大多数介于 760 ~ 1370m 之间。例如，新 Albany 页岩和 Antrim 页岩有 9000 口井的井深在 76 ~ 610m。在阿巴拉契亚盆地页岩、泥盆纪页岩和 Lewis 页岩，大约有 20000 口井的井深是在 915 ~ 1525m。而 Barnett 页岩和 Woodford 页岩埋藏更深，Caney 页岩和 Fayetteville 页岩的埋深在 610 ~ 1830m 之间。

与美国的情况有所不同，由于四川盆地志留系海相页岩层沉积相对稳定，但其优质页岩的总体厚度不大，浅地表或埋藏浅的页岩层的压力系数小造成其工业价值不大。由于页岩整体上物性差异较小，主要是其顶、底板封闭程度及埋深可影响页岩气的保存条件及产能建设。如页岩储层含气且保存条件相对较好时，其层速度及密度呈降低状态，造成其与上部砂岩及下部灰岩之间（界面）产生强波峰反射——"亮点"特征，可从地震剖面中对其进行识别（页岩段是波谷反射）。另外，由于压裂作业对深度的限制及页岩保存对深度的要求（近地表的断裂及裂缝往往相对发育所致），一般要求查清 1500 ~ 3500m 之间的页岩储层的埋深情况，以便对其埋深进行了解并为后续的勘探工作做好准备。

目前适合于中国地质特征的页岩气地球物理勘探评价方法如下：①构造精细解释，避开对页岩气勘探影响较大的断层复杂区；②页岩层埋深是其具有商业开采价值的前提，编制精确的页岩层顶或底界埋深图；③优质页岩层是页岩气勘探开发最为有利的目的层，也是资源评价最重要的因素，通过测井评价、反演以及裂缝预测、随钻跟踪技术等预测优质页岩厚度、平面分布情况，并为后续的勘探与开发提供相应的技术支撑（图2-1）。

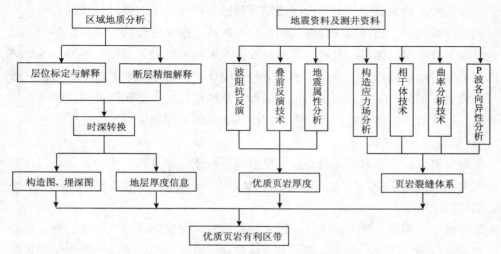

图2-1 页岩气地球物理勘探评价路线图

## 2.1 构造精细解释方法

地震资料构造解释的核心是通过地震勘探提供的时间剖面和其他物探资料（如重力、电法、磁法），以及钻井地质资料，结合盆地构造地质学的基本规律，包括区域的、局部的各种构造地质模型，解决盆地内有关构造地质方面的问题。

解释工作中首先收集与本区或邻区有关的地质和地球物理资料，收集和准备与解释和作图直接有关的资料，包括水平叠加剖面和叠加偏移时间剖面、测线坐标和相应的地质资料。地震解释工作者要了解工区区域地质背景，仔细研究与解释有关的地质和地球物理资料，要做到对工区的地质背景、盆地类型和主要构造特点有一个基本的认识。

一般情况下，地震资料构造精细解释的具体步骤为：①确定反射标准层。主要依据地震剖面的反射特征，选择特别明显的反射同相轴，结合地质解释赋予其明确的地质意义；②反射波的对比。运用地震波在传播规律方面的知识，对地震剖面进行去粗取精、去伪存真、由表及里的分析，把不同剖面间真正属于地下同一地层的反射波识别出来；③建立构造解释模型。主要根据反射波在地震剖面上的特征，结合各种典型构造样式进行类比与分析，确定解释剖面上同相轴所反映的各种构造地质现象，以及其相关的地质响应与成因机理等；④构造平面图绘制。主要根据工区内地震剖面解释，作出反映某一地层起伏变化的构造图；并根据有关含油气方面地震地质信息，对其含油气性作出评价。

本次构造精细解释为了与后续的储层预测解释相匹配，经过后续的三维地震数据连片处理后，选择最终叠前时间偏移的纯波数据体进行构造及层位解释，这也是鉴于叠前时间偏移比常规叠后地震数据的断点成像更为清晰、准确，断层所产生的绕射能精确归位，整体上地震资料信噪比高。构造精细解释工作具体大致可分成三大部分：①地震地质层位精确标定及波组对比；②断层解释及速度分析及建立；③成图方法研究。现分别详细描述相关的步骤如下。

1）层位标定方法

根据研究区内现有的钻井地质分层数据及声波、密度测井资料，结合以往对川东南地区的地层研究的认识，通过合成地震记录实现对地震反射波组的地震地质层位精确标定。

合成记录标定主要根据声波、密度测井资料，制作地震合成记录，通过合成地震记录与测井曲线、实测地震记录及钻井分层数据的对应关系，实现地震地质层位的标定。从图2-2来看，由于龙马溪—五峰组页岩与下伏的奥陶组灰岩存在明显的物性差异，即页岩的密度、速度等物理特征都与灰岩差别很大，所以形成一个强的波峰反射。跟据层位标定结果显示，页岩与灰岩的分界面在该强波峰的极值部位，并且由标定结果可得到该页岩层的层速度约为4200m/s。

2）波组对比

由于是海相沉积地层，地震反射波组在横向上相对变化很缓慢，在剖面上容易进行追踪解释。所以在进一步确认反射波组标定的可靠性以后，首先通过连井剖面（图2-3）和环形剖面进行反射波组识别及对比追踪，建立焦石坝全区的连井骨干剖面框架。在此基础上，先设定相关的解释网格，实施从粗到细，由易到难，循序渐进，逐步深入的原则，对整个焦石坝地区的三维地震数据体开展对比及解释。首先按解释网格为20线×20道的密度进行对比解释，初步掌握全区的基本构造形态特征以及解释的断层、层位相对闭合和合理后，再将对比解释的网格密度提高到10线×10道。然后，针对各个局部构造落实的需要，可逐步加密到5线×5道、2线×2道，甚至可达到1线×1道。

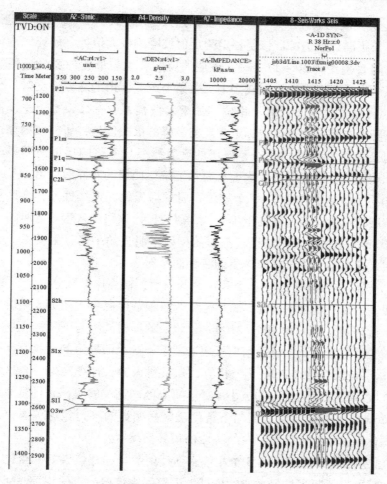

图2-2　焦石坝地区 jy4 井合成记录标定示意图

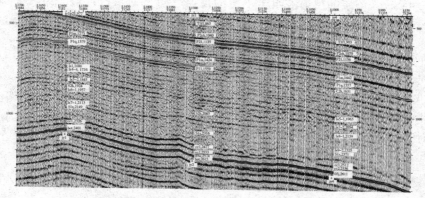

图2-3　焦石坝地区连井三维地震数据精细解释示意图

①$T_{p2}$层位波组特征：2～4个相位，强反射振幅，中—高频率，连续性好，全区均可长距离连续追踪。该层标定为反射波峰的极大值处，研究区内该层的双程旅行时间$t_0$值约为60～1730ms，该层的反射波组与下覆的反射呈明显的平行接触关系。在地质上该反射层代表上二叠系上统龙潭组的底界面反射。

②$T_{p1}$层位波组特征：单个相位，强反射振幅，中—高频率，连续性好，全区均可长距离连续追踪。该层标定为反射波峰的极大值处，研究区内该层的双程旅行时间$t_0$值约为80～1800ms，该层的反射波组与下覆的反射呈明显的平行接触关系。在地质上该反射层代表上二叠系下统梁山组的底界面反射。

③$T_{s2h}$层位波组特征：2～3个相位，弱反射振幅，连续性差，全区均可断续追踪。该层标定为反射波谷的极小值处，研究区内该层的双程旅行时间$t_0$值约为160～1960ms，该层的反射波组与下覆的反射呈明显的平行接触关系。在地质上该反射层代表志留系中统韩家店组的底界面反射。

④$T_{s1x}$层位波组特征：1～2个相位，弱反射振幅，连续性差，全区追踪困难，要进行相关的地层约束下解释。该层标定为反射波峰的极大值处，研究区内该层的双程旅行时间$t_0$值约为200～2100ms，该层的反射波组与下覆的反射呈明显的平行接触关系。在地质上该反射层代表志留系下统小河坝组的底界面反射。

⑤$T_{s1l}$层位波组特征：2～3个相位，强反射振幅，连续性好，全区均可连续追踪。该层标定为反射波谷的极小值处，研究区内该层的双程旅行时间$t_0$值约为300～2360ms，该层的反射波组与下覆的反射呈明显的平行接触关系。在地质上该反射层代表志留系下统龙马溪组一段的顶界面反射。

⑥$T_{o3w}$层位波组特征：3～5个相位，强反射振幅，连续性好，全区均可连续追踪。该层标定为反射波峰的极大值处，研究区内该层的双程旅行时间$t_0$值约为310～2400ms，该层的反射波组与下覆的反射呈明显的平行接触关系。在地质上该反射层代表奥陶系上统五峰组的底界面反射。

## 2.2　断层解释方法

### 1）断层的相干性分析

对于三维地震数据体中的任意地震道来说，当遇到地下存在断层或某个局部区域地层不连续变化时，一些地震道的反射特征就会与其附近地震道的反射特征出现差异，从而导致地震道局部的不连续性。相干体技术通过各地震道之间的差异程度，可以检测出断层或不连续变化的信息。在已完成解释的测网基础上，沿层或水平切片提取相干信息，结合地震波组特征和地质分层数据，分析推断研究区内的断裂展布规律，以便确立总体的构造格局和控制性断裂在平面上的展布特征。

根据地震信号的相关性原理，采用第二代相干算法对三维叠前时间偏移数据体进行相干处理，获得三维相干数据体。其中相干处理的各项计算参数，经过测试，分别选择为：相干道数为9、相干时窗为20ms、最大倾角扫描为6ms。

对相干体应用水平切片和沿层切片技术，观察地震信号相关性在横向上的变化特征。通常情况下，当地层沉积稳定或横向连续渐变时，地震信号相关程度较好。反之，当地层沉积不稳定，岩性在横向上发生突变时，则地震信号的相关性变差，特别是当有断层或裂缝存在时，由于地层的连续性遭到破坏，断层两侧岩性发生突变或裂缝造成岩体物性上的差异，形成地震信号不相关或出现负相关，并呈现线状或杂乱状分布。因此，通过地震信号的相关特性，可以大致了解全区断层或裂缝的发育和展布特征。

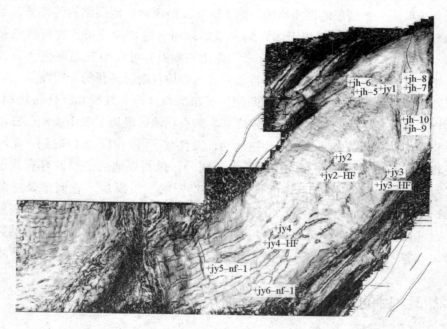

图2-4　焦石坝地区龙马溪—五峰组沿层相干切片+断裂解释叠合示意图

从图2-4中可见焦石坝地区海相页岩段中的断层在沿层相干切片上呈低相干特征，并且断层附近的低相干区域呈条带状展布，与人工解释的断层（两线夹持区域）整体吻合较好。总的来说断层附近的低相干条带状展布形态及低相干区域呈点线状、扭曲形态表明断裂带附近的裂缝体系相对发育，低相干带总体上呈线状的走向暗示断裂的走向；其次，图中也表明在断层附近裂缝相对发育，有的断裂带附近的低相干值出现局部强、弱分明的状态，推测该断层局部呈相对密闭状态，即断层所引起附近的裂缝发育有差异性。其中，点线状、扭曲形态分布呈聚集状的低相干区域表明该区域裂缝相对发育，而裂缝相对不发育部位呈灰白色分布的高相干区域。另外，断层附近的低相干值区域向断层外延伸不远，这个情况表明断层附近的裂缝受断层的作用力影响而生成，影响距离与该断层的断距有关。如逆断层的断距相对较大，断层附近的低相干值区域向断层外延伸相对较远，断距小则断层附近的裂缝相对不发育且影响范围小，延伸距离不远。总体上断裂带附近的裂缝相对发育，在这些断层附近容易钻获裂缝型页岩储层。

2）断点解释及平面组合

通过沿层相干分析，初步掌握全区断层的分布特征后，根据地震反射同相轴的错断、扭曲及振幅、相位的变化等特征，利用垂直地震剖面进行断点解释及闭合。并依据同一条断层的性质相同、断距渐变及断层两边地层结构等特征，结合各种数据体（瞬时振幅、相干体）的水平切片和沿层切片分析，进行各条断层的断点平面组合，并形成断层多边形。在此基础上，可利用三维可视化分析技术，结合区域构造运动及沉积演化特点，进一步检查断层解释的合理性。

断层解释结果揭示断裂构造和断裂系统与沉积盆地的发展和演化密切相关，也是许多油气藏形成的基本控制因素之一。焦石坝地区经历了燕山晚期、喜山早期、喜山中期和喜山晚期等多期构造运动，发育有不同走向、不同时期、不同规模及作用和不同性质的断裂。按断裂走向划分，焦石坝地区主要发育有北东向（NE）、北北西（NNW）、近南北向（SN）走向的三组断层，它们都是逆断层（图2-4），总体上以北东向及北北西向断层占优势。后期的勘探开发井资料表明，北北西向断层附近的水平井经压裂后，产能并不高，推测该断裂附近的裂缝呈紧闭状态，造成相关的压裂造缝作用效果不好，进而影响到页岩气井的产能。

## 2.3  目的层深度构造图制作

在精细的层位和断层解释基础上，设定处理基准面后对等 $T_0$ 图进行编制，利用叠加速度谱资料和井的平均速度建立工区平均速度场进行变速成图，从而得到目的层深度构造图。

（1）速度分析。首先根据速度谱资料分析叠加速度的纵横向分布特征，进行适当的编辑，去除异常值，然后进行速度场插值，建立合适的叠加速度模型。

（2）利用解释成果做约束，对叠加速度进行地层倾角校正，求取均方根速度，再根据 DIX 公式将均方根速度转换得到平均速度。

（3）平滑滤波平均速度场，并利用工区内的 4 口井的时深关系对平均速度场进行校正，建立较高精度的平均速度场。

（4）编制 $T_0$ 图，用平均速度场进行时深转换，经过断层的平面组合的断层多边形、等值线插值等一系列处理初步完成构造图的编制，最后利用完井分层数据开展深度构造图的深度校正，最终编制研究区内目的层深度构造图（图 2-5，处理基准面为 1000m），由此图可知，焦石坝箱状背斜主体部位较为平缓且断层发育规模远小于相邻区域，构造条件有利于页岩气保存，并且埋深条件适中，整体上适合页岩气的勘探开发。

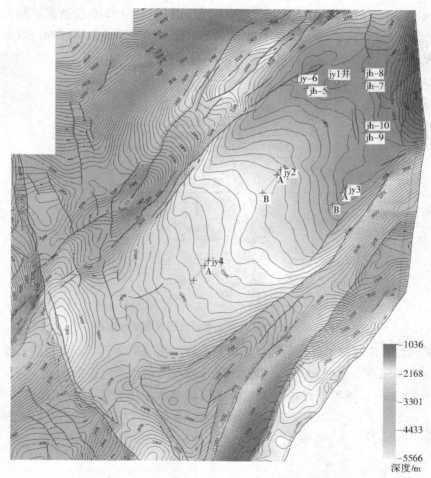

图 2-5　焦石坝地区五峰组（$T_03w$）底界深度构造图

## 2.4 目的层实际埋深图绘制

埋深是页岩气可开采性评价重要的经济指标，是评价页岩气"甜点"区的重要组成部分，页岩气埋藏浅，开采的经济价值高。常规埋深图制作因为得不到精确的地表高程，往往采用工区井插值的方式，精度低，难以达到精细埋深成图的标准。基于 SPSS 测量数据的埋深图制作技术充分运用 SPSS 测量文件炮点、检波点的高程资料，通过反距离加权的方法进行拟合，模拟高程面，再通过已钻井的地表海拔对模拟高程面进行校正，求得更为精确的地表高程，最后结合目的层深度构造图，进行目的层实际埋深成图。具体方法步骤为：①构造精细解释与目的层深度构造图成图作业（设定的某一个基准面）；②SPSS 高程数据反距离加权拟合；③井海拔高程校正；④高程图减目的层深度构造图进行实际埋深成图。具体流程如图 2-6 所示。

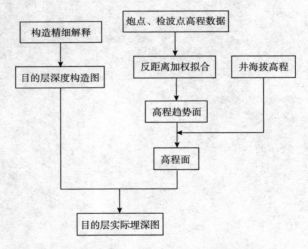

图 2-6 基于 SPSS 测量数据的埋深图制作流程

采用该方法编制了五峰组底界反射界面埋深图（图 2-7），可知焦石坝箱状背斜构造埋深普遍小于 3000m，图中 3500m 埋深等值线所包括的区域（埋深小于或等于 3500m），该等值线内的页岩分布区域基本上适合于页岩气勘探与开发。由 jy1、jy2、jy3、jy4 井的实钻深度与预测埋深对比可以看出（表 2-1），预测误差较小，相对误差小于 2%。

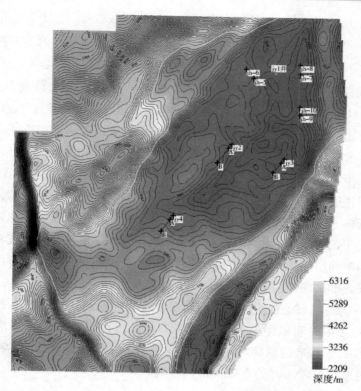

图2-7　焦石坝地区五峰组（$T_03w$）层位底界实际埋深图

表2-1　焦石坝地区钻井实钻埋深与预测埋深对比表

| 井号 | 层位 | 实钻埋深/m | 预测埋深/m | 绝对误差/m | 相对误差/% |
|------|------|-----------|-----------|-----------|-----------|
| jy1 井 | $T_03w$ | 2415 | 2390 | −25 | −1.05 |
| jy2 井 | $T_03w$ | 2575 | 2550 | −25 | −0.98 |
| jy3 井 | $T_03w$ | 2414 | 2370 | −44 | −1.86 |
| jy4 井 | $T_03w$ | 2595 | 2610 | 15 | 0.57 |

# 2.5　几点思考

　　大量的勘探实践证明，海相页岩层分布稳定且区域面积相对较大，龙马溪—五峰组页岩储层的含气量相对较高，压裂条件良好，是有利的页岩勘探目的层。所以，对页岩气勘探中的目的层埋深成图技术及精细解释技术相当重要，因为埋深条件往往影响页岩气的勘探潜力；其次，井位布设要讲究井段上反射层位相对简单且稳定，不钻复杂、多解性较强的波组或断裂及裂缝密集发育部位。这需要不断摸索、寻求符合勘探区的页岩气勘探技术手段，从而更好的实现页岩气勘探的目的。

（1）偏移成像处理。不同的地震资料偏移成像处理可能得到不同的结果，并且与地质认识差别巨大，往往造成勘探困扰。如四川盆地某区中的页岩气井，其水平井的随钻地质认识和地震预测及解释结果差别巨大，经地质认识判断该地震剖面中的虚假构造不存在，造成水平井实钻情况与设计资料不符合。经各方面资料分析认为，推测由于地震剖面处理所使用的技术方法所致。大量勘探资料表明，在四川盆地的地震勘探中，时间域的地震资料的准确度往往不够，需要深度域的地震资料才能更好的完成相关的地质任务。这是由于地层的层速度、构造形态变化较大所致，而水平井段往往由于预测的层速度不够准确，造成水平井地震随钻跟踪的不确定性及产生认识上的矛盾及困惑。所以，只有采用好的地震成像方法及手段，准确描述地下的地质情况，才能更好的完成页岩气勘探。图2-8、图2-9分别为时间域处理的解释剖面与深度域处理的解释剖面，图2-8的解释剖面显示 A 井在时间域中钻在某构造高部位，而在深度域的解释剖面中（图2-9），却钻在该构造的翼部。经后续钻井揭示，深度域地震剖面的构造形态正确，实际构造高点离 A 井约有 2800m 的距离。

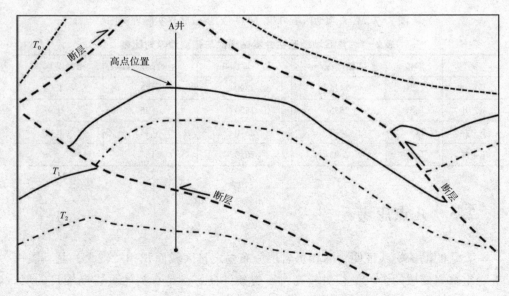

图2-8　某过井时间域处理的地震剖面解释示意图

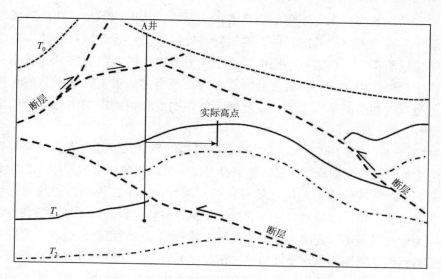

图2-9 某过井深度域处理的地震剖面解释示意图

另外，不同的偏移处理技术所得到的地震成果剖面也可能各不相同（图2-10）。从图2-10（a）中可见箭头位置及虚线区域的成像在图2-10（b）中得到了改善（断点相对清晰及地层反射同相轴的连续性得到增强），更符合地质情况，这点要引起大家的注意。当然，对地震偏移成像处理最重要的要求是——地震剖面能真实反映地下的地质及构造形态。

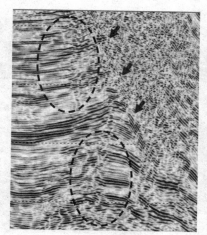
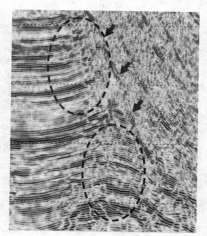

（a）常规偏移技术          （b）恒泰艾普公司的偏移技术

图2-10 不同偏移方法所得到的地震剖面示意图

（引自恒泰艾普公司略有改动）

（2）精细解释技术。不同的解释者由于经验、认识的不足，往往造成地震资料解释方面的困惑；其次，由于地震资料处理、二维地震资料及地震剖面上的多解性依然存在。在实际勘探中，由于大量使用二维地震资料，并且相关的井点由于地形、安全等考虑因素并没有布置在理想的位置上，水平井的长度及方位上也没有相关的地震剖面，这些情况往往造成相关的勘探困惑或导致勘探失败。

从图2-11及图2-12来看，二维地震资料解释及三维地震资料解释有许多的不同之处，造成初期水平井没有钻到龙马溪—五峰组优质页岩层中，而钻到奥陶组灰岩里。究其原因是二维地震资料的局限性，由于二维地震资料的信噪比低，各种干扰严重，造成对目标层的识别及断层解释困难，如2号断层就在二维地震剖面中难以识别。其次，水平井段与二维测线呈45°相交，造成该井段上没有地震资料而难以预测该水平井的钻进情况；另外，早期的地震资料解释相对粗糙，主要是因为层位、断层的识别相对困难及地震资料的信噪比低，造成地震解释简单化，而实际上是有一条逆断层（2号断层）使上盘的目的层向上抬升，致使水平井钻遇下部地层。从三维地震资料来看（图2-12），地震剖面中的龙马溪组一段—五峰组层位、断层识别相对容易，剖面质量比二维地震资料的好。利用三维地震剖面可解释地质上发生的情况——钻遇奥陶组灰岩，实际目的层（优质页岩段）位于该水平井段的上部。后期对该水平井段进行调整及修改，使其顺利在龙马溪组一段—五峰组中穿行。

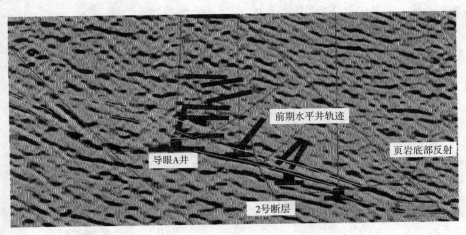

图2-11　焦石坝地区外围某二维测线精细解释示意图（与水平井走向相交）

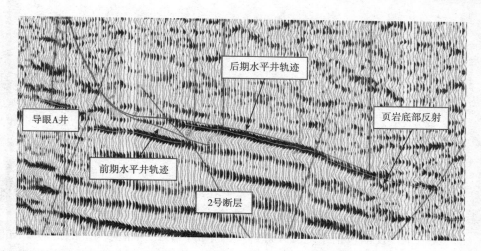

图 2-12 焦石坝地区外围某三维过井测线精细解释示意图

# 3　海相页岩储层预测

　　地震反演是储层横向预测的核心技术，在油气勘探开发的不同阶段，对于不同地质条件及研究目的，地震反演方法均有一定范围的适用性和针对性。

　　广义的地震反演包括了地震处理解释的全部内容，通常意义上的地震反演是指储层地震反演或波阻抗反演技术，与地震模式识别油气预测或神经网络预测储层参数相比，波阻抗反演具有明确的物理意义，是储层预测的一种确定性方法，这也是所谓的"电阻率反演"或"自然电位反演"到目前为止仍不能为地球物理学家所真正接受的根本原因。

　　储层地震反演于 20 世纪 70 年代后期提出，并于 80 ~ 90 年代得到迅速发展。最初人们将地震反演作为地震属性研究的一种手段，即所谓的波阻抗或速度属性。并且一直到现在仍有这种习惯。按照这一观点，波阻抗反演应是地震属性研究中迄今为止最受重视、发展最为完善、应用效果最明显的一种属性。并且它不但具有明确的地球物理含义，而且也具有显著的地质意义上的可解释性。在过去的 30 年中，SEG、EAGE 等所属刊物或会议刊载地震反演方面的论文有近 200 篇之多，中文文献亦是如此。与此同时，地震反演的内容也从波阻抗扩展到储层物性估计、多属性综合分析等方面，在面对实际地质问题时，尽管从波动理论上没有令人信服的基础、但非线性算法所带来的实用效果似乎更为重要。

　　几乎所有的波阻抗反演软件都是基于褶积模型而开发的，因此波阻抗反演相应地应该满足褶积模型的基本假设前提。

　　(1)地震模型。假设地层是水平层状介质，地震波为平面波法向入射，地震剖面为正入射剖面，并且假设地震道为地震子波与地层反射系数褶积。

　　(2)反射系数序列。在普通递推反演中，假设反射系数为完全随机的序列；而在稀疏脉冲反演中，假设反射系数由一系列大的反射系数叠加在高斯分布的小反射系数的背景上构成。

　　(3)地震子波。假设反射系数剖面中每一道都可以看做是地下反射系数与一个零相位子波的褶积。

(4)噪音分量。通常假设波阻抗反演输入的地震数据其振幅信息反映了地下波阻抗变化情况，地震数据中没有多次波或绕射波的噪音分量。

1)递推反演

递推反演方法主要是通过反射系数序列递推计算地层的波阻抗。递推公式为：

$$Z_i + 1 = Z_i \left( \frac{1 + r_i}{1 - r_i} \right) \tag{3-1}$$

该方法的关键是反射系数的计算，反射系数通常由地震道与子波反褶积求得，所以子波及第一个点的波阻抗值直接影响反演的结果。

在递推反演中，反射系数的带限严重，低频及高频分量都损失了，因此必须从井资料或速度分析结果中补充低频分量。当地震道中包含相干或随机噪声时，递推反演会使误差不断累积而失真。由于地震频宽的限制，递推反演分辨率较低，对于较厚的相对稳定的储层该方法较为适用。

递推反演的优点是基本不存在多解性问题，对其他资料的依赖性小，反演速度也快。稀疏脉冲反演是基于稀疏脉冲反褶积的递推反演方法，包括最大似然反褶积、LI模反褶积和最小熵反褶积，该方法能由地震记录直接计算反射系数，但很难得到与井吻合很好的反演结果。

基于频率域反褶积与相位校正的递推反演方法回避了子波计算及反射系数欠定问题，以井旁道的反演结果与实际井的吻合度作为参数优选的依据，从而保证了反演结果的可信度和可解释性。

在勘探开发评价初期只有少量探井的情况下，通过递推反演可以推测目标地质体的成因类型，确定沉积体系和沉积相，估算砂泥比及确定主力砂体展布规律等。随着井资料的不断丰富，递推反演对于进一步描述储层物性、厚度的变化仍有重要的参考价值，对于一些特殊油藏，如砾岩油藏，递推反演结果可以为储层地质建模提供很好的软约束。

2)基于模型的地震反演

递推反演方法由于直接从地震记录中提取反射系数序列，势必会受到噪音、不良的振幅保持和地震资料带限的影响，而基于模型的地震反演方法补充了井资料中的高频信息和完整的合理低频成分，从而可以获得相对高分辨率的阻抗资料，为薄层储层预测创造条件。其基本步骤是：①层位及简单构造解释；②以井资料为基础插值初始模型；③采用扰动算法不断更正模型，直至正演结果与地震记录达到最佳的吻合。

由于整个计算过程是以井作为参照标准的，所以又称为测井约束地震反演。也正是由于加入了井的高频信息，而这些信息又是地震有效频带之外的信息，地震对这部分信息实际上是起不到约束作用的，这就导致了反演结果的多解性。这种多解性往往表现为：①储层分布样式的多解性；②不同频带范围的多解性。所以说反演结果的分辨率是不完全真实的。实际反演过程中通过储层横向变化的时距有限性来压制这种多解性，取得了较为明显的效果；另外，必须从层位解释、初始模型的建立及子波提取等多方面共同努力，将高分辨率层序地层学方法引入基于模型的反演之中也是基于这样的考虑。

3）地质统计反演和随机反演

地质统计反演方法最初由 Bortoli 等及 Hass 等提出，但总的来说，涉及这方面的文献还是很少的。其中代表性的软件为 Jason，我国在 1997 年左右引进 Jason 软件，目前在部分油田已开始推广使用。

目前所使用的地质统计反演实际上是以象元技术（相邻两值间的统计关系作为地质约束）和序贯模拟算法为基础的储层模拟方法，从反演的角度，最佳的实现仍需满足褶积模型，即地震资料的三维约束。

地质统计反演的基本算法如下：

（1）随机地选取一个地震道 $(x, y)$；

（2）利用地质统计方法模拟出一道的声阻抗序列 AI；

（3）计算 AI 的合成地震记录，并与实际地震记录相比较直至最佳匹配。否则退回到第（2）步骤；

（4）模拟下一道，直到算完所有的地震道。

真正体现地质统计学的是第（2）步骤，在生成一道波阻抗时，必须由井的数据，根据声阻抗直方图和变差函数来插值待模拟位置的数值。这时候必须考虑储层的各向异性，特别是垂直和水平方向参数变化的不一致性。垂直方向的变差函数可由井的数据归一化后统计得到，水平方向的变差函数则由地震资料的水平切片统计。井资料实际上只是作为插值的已知点出现，那么反演结果井旁道未必与井完全一致，除非已经获得了非常理想的井的合成记录。不同研究者使用地质统计反演方法的区别主要在于：①时间域或深度域的模型，深度域模型须在第（3）步骤转入时间域；②第（2）步骤中使用不同的地质统计算法，如简单克里金、协克里金（综合其他资料，如地震属性）、顺序指示克里金法或序贯高斯模拟（SGS）等。对地震资料而言，井成为稀疏资料，若仅以井资料来统计变异函数则在表征储层非均质性时存在能力上的很大缺陷。递推反演虽然分辨率较低，但它对统计变差函数已经足够，并远远优于井的统计，因此可以从递推反演数据体中提取任意方向的变差函数从而提高反演的精度。

另一方面，由地质统计方法得到的模拟地震道本身是存在显著的光滑效应，所以在第（3）步骤出现条件不满足时再返回第（2）步骤重新求取一道，实际上运算成本会大大提高。结果仍然是一个光滑模型，因此可以在光滑模型的基础上与随机反演相结合，只要随机道满足所要求的分布即可。

地质统计反演的实质也是基于地震道模型反演，只不过这种模型是通过地质统计方法计算的，并且模拟的顺序也不同于常规的地震反演方法，当然换来的也包括了计算速度的减缓。另外，其特色之处在于使用地质统计方法来表征储层的非均质性。所以，地质统计反演在预测陆相储层时应有其优越性。但关键的问题是描述精度有赖于变差函数的表征能力。使用多种地震属性可以弥补这一方面的不足。并且，通过不同属性与物性之间的关系，可以达到对物性分布的某种估计，从而避开了反演的理论基础问题。

随机反演的基本算法与地质统计反演在实质上没有什么区别，有时甚至认为二者就是一回事。在 Jason 软件的 Stratmod 模块中，这部分内容也没有作严格的区分，整体思路仍是用序贯指示模拟、序贯高斯协同模拟或顺序指示模拟。基本的反演过程如下：

（1）用 SGS 或以 SGCS 或 SIS 方法模拟每一个网格点的数值；

（2）随机选取一个结点；

（3）估计该结点的局部条件概率分布；

（4）从条件概率分布中随机选取一个值；

（5）计算该结点上的合成地震记录，有改善则接受；

（6）重复（2）~（5）步骤直到得到满足条件的合成地震记录。

地质统计反演或随机反演的真正优势是它能够适当反映地层分布的一定的规律性和随机性，并且对这种不确定程度做出定量的评估，在反演结果的分辨率上有提高的空间。序贯协同模拟算法又可以允许建立除了波阻抗模型以外的储层地质模型，这是常规反演方法所难以实现的。从而对于提高油藏数模的最佳拟合水平和储量的预测精度有重要意义。

随机反演的逻辑基础是基于模型反演的多解性，而随机储层模拟的目的也正是为了弥补确定性建模中所缺乏的适当的不确定性，地震资料作为三维空间的约束条件将随机建模与随机反演技术紧密结合到一起，这也正是今后两种技术发展的一个主要趋势。从更深层次上讲,这一发展为将地震资料更好地服务于油气田的开发指出一个方向,并服务于提高采收率这一根本宗旨。

4)非线性反演

目前叠后储层地震反演中普遍存在的问题有:①分辨率低;②多解性严重;③外推预测精度低;④多井处理的闭合问题;⑤如何预测波阻抗以外的储层参数。产生这些问题的主要原因有:①地震资料的带限性;②子波提取的精度;③褶积模型的运用性;④反演约束条件的缺乏。

针对上述问题,近年来提出的非线性反演方法避开褶积模型,而直接从地震数据中提取参数(属性),通过神经网络算法(主要是 PNN)映射所求的储层参数。这类方法不仅可以求波阻抗信息,还可以预测电阻率、伽马等测井曲线和孔、渗、饱等储层参数。非线性反演的基本假设是地震数据与储层参数之间具有(高度的)非线性关系,即使是象波阻抗这样具有明确物理意义的参数在这里也被看做没有任何标记的数字。通过对已知数据集训练后一旦确定了映射关系(各种阀值),那么所得到解就是唯一的,因此从某种程度上讲反演结果具有对方法的确定性,并且克服了分辨率的限制和闭合问题。这样该方法在井资料较少(但不可太少)的地区、薄储层问题、复杂地质条件下就具有更好的适用性。

非线性反演在 Geoview 软件的 Emergem 模块中,用 PNN 计算储层参数是在常规的基于模型的反演之后进行的,这样做可以使反演波阻抗中提取的属性与预测参数之间具有相对明确的关系。然而由解释过程及模型反演的固有缺陷所带来的误差可能会影响最终结果,并且对研究工区而言,进行一次常规反演也需要较多的成本。因此直接从地震数据中提取地震属性,通过各种属性与待预测参数之间的相关程度筛选敏感属性,采用 PNN 方法预测参数要相对便捷一些。非线性储层参数反演是一项全新的地震储层表征方法,并且会在今后得到更进一步的快速发展。运算缓慢是该类方法应用过程中的一大障碍,由非线性关系的适用性导致的反演结果与实际地质目标之间的差距是降低预测能力的根本原因,并且这种误差通常是很难估计的。如果能与其他资料综合使用,其对油藏描述的作用会更大。

## 3.1  叠后波阻抗反演技术

地震反演是利用地表观测地震资料,以已知地质规律和钻井、测井资料为约束，对地下岩层空间结构和物理性质进行成像（求解）的过程，广义的地震反演包含了地震处理解释的整个内容。波阻抗与地震资料是因果关系，具有明确的物理意义，是储层岩性预测、油藏特征描述的确定性方法。

反演是正演模型处理的反过程，正演是简单的，处理技术没有争议，对于任一个给定地质模型，地震响应是唯一的。反演要复杂得多，一方面一些正演模型处理没有逆；另一方面，一个给定的地震响应可以对应多个地质模型。

地震－测井联合反演是一种基于模型的波阻抗反演技术，其结果的低频、高频信息均来源于测井资料，中频段信息则取决于地震数据，通过不断对初始地质模型进行修改，使修改后模型的正演合成地震资料能够与原始地震数据最为相似，从而克服了地震分辨率的限制，最佳逼近测井分辨率，同时又保持了地震较好的横向连续性。基于模型波阻抗反演的原理为：设地震子波为 $W(t)$、反射系数序列为 $R(t)$，则地震记录适合层状介质的褶积模型为：

$$S(t) = R(t) \times W(t) \tag{3-2}$$

当地下为多层水平介质时，任意第 $i$ 个界面地震波反射系数为：

$$R_i = \frac{\rho_{i+1} v_{i+1} - \rho_i v_i}{\rho_{i+1} v_{i+1} + \rho_i v_i} \quad (i = 1, 2, 3, \cdots, n-1) \tag{3-3}$$

式中，第 $i$ 个界面的上层介质密度为 $\rho_i$，速度为 $v_i$，第 $i$ 个界面的下层介质的密度和速度分别为 $\rho_{i+1}$ 和 $v_{i+1}$，$R_i$ 为第 $i$ 个界面的反射系数。

通过子波反褶积处理可由地震记录求得反射系数，进而递推计算出地层波阻抗。据此原理，可进行井资料和地层层位双重约束下的三维波阻抗反演。一般情况下，该反演工作流程如下。

1）构建拟声波曲线

拟声波曲线是将反映地层岩性变化比较敏感的自然伽马、电阻率等测井曲线转换为具有声波量纲的拟声波曲线，使其具备自然伽马、电阻率等测井曲线的高频信息，同时结合声波的低频信息，合成拟声波曲线，使它既能反映地层速度和波阻抗的变化，又能反映地层岩性等的细微差别。

2）层位标定和子波的提取

层位标定和子波的提取是联系地震和测井数据的桥梁，是做好地震—测井联合反演的关键所在。在子波提取过程中，估算子波的时窗长度应为子波长度的3倍以上，目的是降低子波的抖动，保持其稳定性，时窗的顶底放在地层相对稳定的地方。要求在子波形态上能量集中在中央主瓣上，两侧旁瓣迅速衰减，这样的子波一致性才好。层位标定则主要通过子波与反射系数褶积，产生合成地震记录剖面与实际地震剖面对比，同时不断调整子波使两者达到最大相关。判断最佳标定和最优子波的根据是使井旁实际地震记录与合成地震记录之间的互相关具有最大主峰值以及主峰值与次峰值之比尽可能大。

3）建立初始地质模型

地质模型是波阻抗反演的基础，建立初始地质模型就是在精确可靠的标定和层位解释基础上，利用地震解释成果，综合沉积模式、地层接触关系及测井资料来完成。在 Jason 软件中使用 EarthMod 模块建立初始模型，其主要功能是结合地震、测井和地质资料，根据地震解释层位和断层，按沉积规律在大层之间内插出很多小层，建立一个地质框架结构，在这个地质框架结构控制下，根据一定的插值方式对测井数据沿层进行内插、外推，产生一个平滑、闭合的实体模型。

4）优质页岩门槛值的确定

确定优质页岩门槛值主要通过反演的拟声波阻抗与井上计算的拟声波阻抗数据进行交会，比较直观的方法是采用交会图和直方图进行分析，从直方图和交会图上可以看出井上和反演的拟声波阻抗值能比较清楚的区分优质页岩，从反演的波阻抗可以大致确定页岩的门槛值。

### 3.1.1 优质页岩地震响应特征

通过对龙马溪—五峰组页岩层段的精细标定和岩性组合特征分析（图 3-1），jy1 井志留系底部及奥陶系五峰组地层中共计有 89m 厚的优质页岩储层段，该层段的岩性为灰黑色硅质泥岩、泥岩、页岩，纵波速度约为 4000～4300m/s，而五峰组之下的涧草沟组和宝塔组岩性则以灰质泥岩和泥灰岩为主，纵波速度达到 5800m/s。由于存在较大的速度及密度差异，在五峰组底界形成明显的反射波峰，可作为全区标志性反射层，该反射层连续性最好，为优质页岩底界反射特征。同时，志留系龙马溪组—奥陶系五峰组中的 89m 页岩储层顶界上部岩性为龙马溪组砂岩、粉砂岩和粉砂质泥岩，其与下部的低速、低密度页岩的反射界面为波谷，在地震剖面上表现为中低频、中强振幅、较连续波谷反射。根据该区的钻井揭示，龙马溪—五峰组页岩储层底部发育一套沉积稳定厚度大于 35m 的一类页岩储层，其上为速度及密度相对高的二类页岩储层，两者界面为一套低频、中强振幅的波谷反射，储层厚度发育稳定，反射波组连续性较好，全区稳定分布。

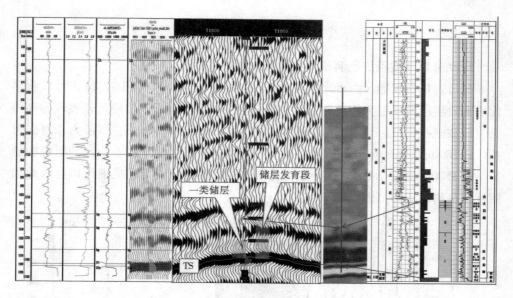

图 3-1　jy1 井优质泥页岩储层精细标定

### 3.1.2　优质页岩测井参数特征

焦石坝地区 jy1 井中 2327 ~ 2415m（共计 89m）是含气页岩层段（TOC > 0.5%），其中 2377 ~ 2415m 层段中共计 38m 是优质页岩层段（TOC > 2%，脆性矿物总量61.3%）。优质页岩层段的测井曲线特征具有伽马（GR）、铀（U）、声波（AC）、电阻率（R）值高的"四高"特征，而密度（DEN）、中子、无铀伽马低的"三低"特征，jy1、jy2、jy3、jy4 井的测井响应特征为：一类优质页岩的 TOC > 2%，储层厚度约为 36 ~ 42m，自然伽马值较高为 163.7 ~ 200.9API，铀值较高 11.4 ~ 14.1ppm，声波时差为 73 ~ 81.74μs/ft，密度较低为 2.53 ~ 2.58g/cm³；二类优质页岩的 TOC 特征为：1% < TOC < 2%，泥页岩厚变化较大约为24 ~ 69m，自然伽马值为 152.8 ~ 173.7API，铀值 6.4 ~ 8.1ppm，声波时差约为 72 ~ 78.4μs/ft，均较 TOC > 2% 段偏低，密度值为 2.64 ~ 2.68 g/cm³，总体偏高。

根据焦石坝地区的龙马溪—五峰组页岩储层岩心实验分析 TOC 与自然伽马、无铀伽马、声波时差、中子、电阻率及密度统计分析结果得到相关结论，页岩气储层含气时有效储层的下限值参数可设定为：自然伽马值≥61API；无铀伽马值≥50API；声波时差值≥60μs/ft；中子值≥10%；密度值≤2.68g/cm³；电阻率值≥6Ω·m。

### 3.1.3　优质页岩厚度定量预测

1)高分辨率波阻抗反演预测优质页岩展布

通过对焦石坝地区内页岩勘探井(导眼井)的精细标定(图3-2),可以看出优质页岩层段的顶部为强波谷反射,底部为强波峰反射,该层段页岩表现为高伽马、低波阻抗特征,波阻抗值范围为 9000～11200g/cm$^3$·m/s;顶部为相对高阻抗(>11000g/cm$^3$·m/s)的砂岩;底部为奥陶系涧草沟组灰岩,为高波阻抗的特征(>13500g/cm$^3$·m/s)。因而依据常规波阻抗反演及设定门槛值可以有效地预测优质页岩的展布范围。

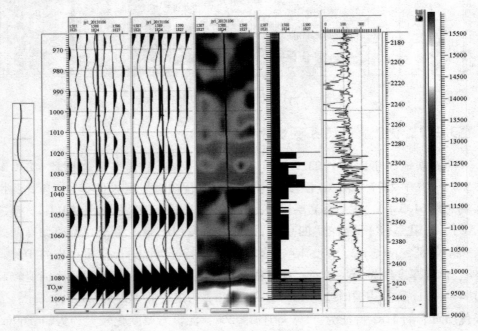

图3-2　jy1井优质泥页岩层段精细标定

图3-3为过 jy1、jy2、jy4 井的连井波阻抗反演剖面,从剖面上可以看出,jy1 井到 jy4 井的优质页岩(低纵波阻抗,图3-3 中的灰色—灰黑色区域)发育且稳定,页岩的顶、底可以得到有效的识别。在波阻抗反演的基础上对优质页岩的顶底进行了精细解释。通过提取龙马溪组一段—五峰组页岩段的沿层均方根波阻抗平面图(图3-4)可以看出,焦石坝研究区内页岩段的三维波阻抗值整体为低阻抗特征,优质页岩在焦石坝三维区内整体发育、稳定分布;其中,最为优质且利于压裂的页岩层段的波阻抗值为 10500～11200g/cm$^3$·m/s 之间的范围值(图3-4

中的白色—灰白色区域），该优质页岩层段主要位于构造主体部位，这个分布特征也与其他属性的平面分布情况吻合较好。

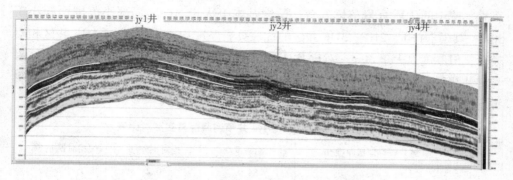

图 3-3　过 jy1、jy2、jy4 井的连井常规波阻抗反演剖面

图 3-4　焦石坝地区优质页岩段的常规叠后波阻抗反演平面图

2）优质页岩厚度的定量预测

由 jy1、jy2、jy3、jy4 等 4 口井优质页岩段的密度统计直方图分布可以看出，Ⅰ类页岩储层的密度小于 $2.63 \text{g/cm}^3$，Ⅱ类页岩储层的密度位于 $2.63 \sim 2.68 \text{g/cm}^3$ 之间，Ⅲ类页岩储层的密度为 $2.68 \sim 2.72 \text{g/cm}^3$，非页岩储层的密度大于 $2.72 \text{g/cm}^3$。在页岩储层的顶、底界面解释成果基础上，根据优质页岩的门槛值在顶底界时窗内提取满足要求的样点时间厚度的二分之一，再与层速度相乘得到

储层厚度。以密度小于 $2.68g/cm^3$、TOC >1% 为门槛值提取龙马溪—五峰组有效优质页岩厚度。从优质页岩厚度成果图中可以看出，焦石坝地区龙马溪—五峰组页岩气藏中的优质页岩整体发育，厚度基本上大于 50m，局部小范围面积小于 50m；其中 jy1HF、2HF、3HF 井区的优质页岩厚度均大于 70m；jy4HF 井区相对较薄，但厚度也大于 50m。对比龙马溪—五峰组页岩气藏优质页岩厚度预测结果与测井解释的优质页岩厚度，预测结果相对误差小于 1.5%，所以本次叠后波阻抗反演精度相对较高(表3-1)。

表3-1　jy1、jy2、jy3、jy4 井预测厚度与实测对比表

| 井名 | 测井解释储层厚度/m | 预测结果/m | 绝对误差/m | 相对误差/% |
|------|------|------|------|------|
| jy1 | 84.7 | 84.9 | 0.2 | 0.24 |
| jy2 | 94.6 | 94.4 | −0.2 | 0.21 |
| jy3 | 96.6 | 95.1 | −1.1 | 1.1 |
| jy4 | 75.5 | 75.1 | −0.4 | 0.53 |

### 3.1.4　几点思考

由于波阻抗反演可分为叠前、叠后反演，并且经大量的勘探实践经验表明，叠前波阻抗反演的精度要高于叠后波阻抗反演。但叠前波阻抗反演需要使用入射角角度道集，并且对道集的质量要求较高—道集具有一定的信噪比，所以在使用道集时要对其进行相关校正处理。Connolly(1999)对传统 AVO 分析方法进行了分析，提出了一种弹性波阻抗反演方法，Cambois(2000)研究指出弹性波阻抗比传统的 AVO 截距和梯度具有更高的抗噪音及干扰能力；一般情况下 CMP 道集普遍存在较为严重的噪音及干扰，需要将噪音及干扰去除，否则会对结果带来较大的误差。现阶段大多数地球物理商业软件采用叠前弹性参数反演技术来实现反演纵横波阻抗、泊松比、拉梅常数和剪切模量等参数，对岩石的机械特性、裂缝发育特征、储层的含油气性进行精细描述，商业化软件的叠前弹性波阻抗反演可以由下面的 6 个步骤逐步实现。

(1)测井数据解释，求取各井的含水饱和度(SW)、泥含量(VSH)、砂岩百分比含量(SAND)、孔隙度(POR)。

(2)测井横波反演，求取各井的横波($V_S$)、纵横波比($V_P/V_S$)、泊松比(Poisson ratio)、拉梅系数(Lame coefficient)等。

(3)测井 EI 反演，求取各井的各个入射角的弹性波阻抗(EI)曲线。

（4）测井 *EI* 曲线子波提取，求取井的 *EI* 子波，为后面的地震 *EI* 反演准备。

（5）地震弹性波阻抗反演，求取地震各入射角的弹性波阻抗数据体（角道集）。

（6）地震弹性参数反演，求取 P 波波阻抗数据体、S 波波阻抗数据体、拉梅系数数据体、剪切模量数据体和泊松比数据体。

叠前弹性波阻抗反演的基本思路如图 3-5 所示。主要基于流体置换模型技术反演井中横波速度，根据井中纵波速度、横波速度和密度数据计算井中弹性波阻抗，在复杂构造框架和多种储层沉积模式的约束下，采用地震分形插值技术建立可保留复杂构造和地层沉积学特征的弹性波阻抗模型，使反演结果符合研究区的构造、沉积和异常体特征。其次，采用广义线性反演技术反演各个角度的地震子波，得到与入射角有关的地震子波。在每一个角道集上，采用宽带约束反演方法反演弹性波阻抗，得到与入射角有关的弹性波阻抗。最后对不同角度的弹性波阻抗进行最小二乘拟合，即可计算出纵横波阻抗，进而获得泊松比等弹性参数。其中，关键技术是基于流体置换模型的井中横波速度反演，角度道集数据的求取一般采用限制入射角范围叠加、偏移后进行重构建立入射角道集数据，使重构的道集数据的信噪比得到提高，但缺点是其分辨率有一定的降低。

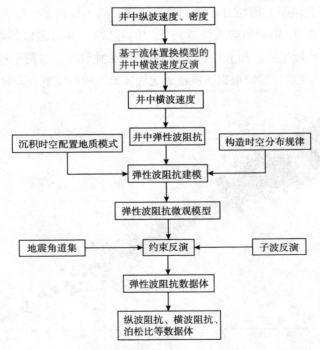

图 3-5　叠前弹性波阻抗反演基本思路

　　另外，可以建立波阻抗值与密度的关系式，将波阻抗数据体直接转换到密度数据体，原因是密度数据与 TOC 的相关性相对较好(图 3-6、图 3-7)。通过求取密度数据与 TOC 数据的拟合计算公式，利用该关系式将密度数据体进一步转换到 TOC 数据体，从而实现优质页岩的储层预测工作。大量的勘探实践证明，页岩的 TOC 值越高则页岩储层的含气量高，所得的预测结果可以很好地指导页岩气勘探工作。其次，也可根据上述的工作原理，利用相关属性或反演数据体实施对压力系数及脆性指数的计算，评估页岩储层相关的物理性质，为布设水平井及其导眼井提供勘探依据。在实际勘探中发现，优质页岩储层段的电阻率值往往大于 $10\Omega \cdot m$，而储层差者(或含水)的电阻率值常常小于 $10\Omega \cdot m$(图 3-8)。所以，也可以进行相关的电阻率反演来预测优质页岩储层。

　　在对叠后波阻抗反演结果及结合钻井实际资料分析发现，优质页岩储层往往表现出明显的层段及低阻抗特征——即页岩段整体上延伸情况良好，而非优质页岩段往往没有层段特征且呈发散状，在波阻抗值上也略有差异(优质页岩段具有低值特征)。例如对焦石坝地区及附近的 jy8 井及 jy5 井的波阻抗反演资料进行分析发现(图 3-9 及图 3-10)，优质页岩段的低波阻抗整体性好(见图 3-10 中箭头指示的黑色页岩段)，并且波阻抗值相对较低，而页岩储层段不好则往往没有层段的特征且波阻抗值略高(图 3-9 中的虚线位置)；实际对这两口井页岩段的测试情况显示，jy5 井的页岩气产能很低，而 jy8 井则获得高产的工业气流。这两个特征在实际页岩气勘探中要加以注意，可以根据该特征确定优质页岩段的位置并布设勘探井。

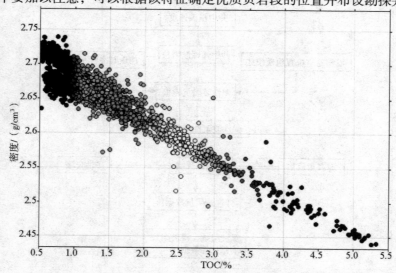

图 3-6　某区井中海相页岩段的密度与 TOC 数据交会示意图

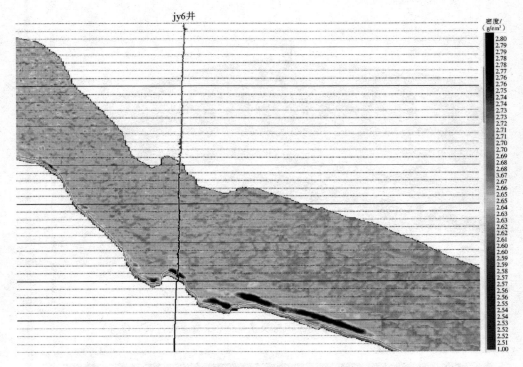

图3-7　过 jy6 井中海相页岩段的密度反演剖面示意图(灰黑色为低密度区域)

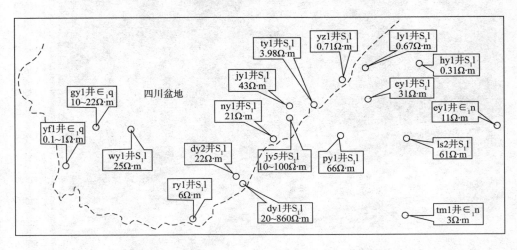

图3-8　四川盆地内、外页岩气井井中海相页岩段的电阻率值示意图

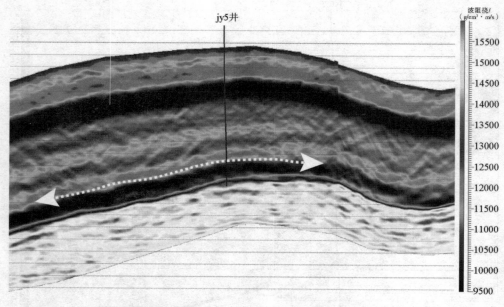

图 3-9　过 jy5 井叠后波阻抗反演剖面(注意虚线处页岩位置)

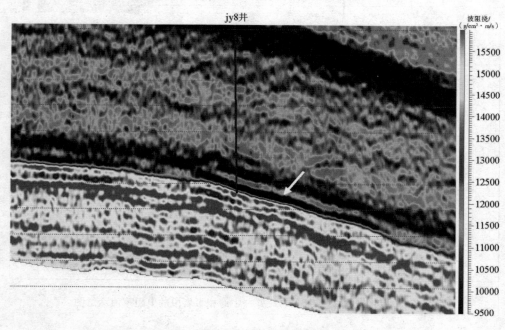

图 3-10　过 jy8 井叠后波阻抗反演剖面(注意箭头处优质页岩位置)

## 3.2 地震属性分析技术

地层中裂缝的存在会造成了地震属性的变化，根据对裂缝敏感的地震属性的变化规律可进行裂缝预测。地震属性种类繁多，Brown(1996)把地震属性归纳为时间、振幅、频率、衰减4大类共66种，Quincy Chen(1997)把地震属性归纳为振幅、波形、频率、衰减、相位、相关、能量、比率等八大类共91种。从地震属性的实际应用情况来看，根据不同的研究目标、层系、岩性变化，结合地震属性的地质意义划分为：振幅统计类、频(能)谱统计类、相位统计类、复地震道类、层序统计类。可用于识别断裂、缝(洞)的传统地震属性有：振幅统计类(瞬时振幅、振幅总量、相邻峰值振幅之比、均方根振幅、平均振幅、平均绝对振幅、最大峰值振幅、平均峰值振幅、平均谷值振幅、最小谷值振幅)；频(能)谱统计类(瞬时频率、主频、峰值频率、平均能量、能量总体)；相位统计类(瞬时相位、余弦)；复地震道类(平均反射强度、平均瞬时相位、平均瞬时频率、反射强度斜率)；层序统计类(能量半衰时、正负样点比例、波峰数、波谷数)；相关统计类(相干、相似系数、相关峰态、平均信噪比、相关长度、相关分量)。

### 3.2.1 伯格主频

在叠后地震数据体中，可提取伯格频率类属性体(伯格能谱主要针对短时窗进行分析，以补充傅立叶算法的不足)进行储层裂缝的预测，具体操作方式如下：

(1)自回归系数类参数：地震的自回归分析是一种数学分析方法，它使用自回归模型(AR模型)将地震记录表示为自身样本的线性组合，用多项式的系数作为自身特征参数。它们不具有明显的物理意义，而只是一种数学表达式。用它来描述地震记录的面貌和特征，它把地震记录 $x_k$ 看成是一个随机过程，$m$ 阶自回归过程可表示为：

$$x_k = \sum_{j=1}^{m} a_j x_{k-j} + \varepsilon_r \tag{3-4}$$

这里选用五阶 AR 模型，因此可以提出五个自回归系数 $a_1$、$a_2$、$a_3$、$a_4$、$a_5$，并计算出自回归误差。国内外许多学者的研究表明，此类特征可以区分不同类型的岩性和含油气性。

(2)与功率谱有关的参数：由于目的层在地震剖面上所占的时间很短，因此我们可采用 Burg 谱计算法求取功率谱。从 Burg 谱中提取以下参数：10%、20%、

30%、40%、50%、60%、70%、80%、90%能量处的伯格频率、伯格加权频率、伯格主频。

（3）自相关函数：自相关函数是地震记录的一种描述，不同记录的自相关函数不同。它反映反射子波的性质及其重复性。一般情况下，自相关函数的主极值幅度反映了记录段的能量，主极值宽度与记录的视周期有关。当地震记录为一随机信号时，其主极值宽度变小，而低频信号的主极值宽度增大。自相关函数旁极值的幅度反映了地震记录的重复性。例如，对应薄层结构的地震记录，其自相关函数的旁极值幅度明显增大。因此自相关函数的特征反映了反射波记录的总体特点。这也是一组有一定代表性的定量参数。我们从自相关函数中提取出下列参数：第一过零点、第二过零点、最小值/最大值。

（4）吸收系数类参数：可以提取下列吸收系数类参数：10%、20%、30%、40%、50%、60%、70%、80%、90%能量处的吸收系数、加权平均频率处的吸收系数、主频处的吸收系数。

本次页岩储层预测研究主要是针对焦石坝地区龙马溪—五峰组优质页岩段来实施计算，通过计算伯格主频属性体，再沿龙马溪—五峰组层位开 20ms 时窗，得到相关的页岩段伯格主频属性平面图（图 3-11）。

图 3-11　焦石坝地区龙马溪—五峰组页岩段伯格主频平面图

从图中可以看到，优质页岩储层主要分布在焦石坝构造主体部位，呈灰白色—灰黑色联片状展布，其伯格主频数值大于31，推测该区域的页岩储层中的微—中型裂缝相对发育；而大型断裂带附近的页岩或 TOC 含量不高的页岩层段则伯格主频值下降到小于30（黑色区域），大型断裂带推测其具有局部导通性，造成页岩气保存条件不佳并导致其向上部地层逸散；而断层附近区域的伯格值相对较高，意味着断层附近的裂缝系统对页岩气的保存条件相对较好，没有造成其向上部地层逸散，这个结论也被后续的开发井资料所证实；研究区总体上当伯格主频值低于31时，页岩储层的含气性可能不佳。所以应该寻找伯格主频数值大于31的区域进行水平井位置设计，并进行页岩气开发，这些异常区域也为后续的一系列水平井资料所证实具有很好的页岩气开发潜力。

### 3.2.2  吸收衰减技术

裂缝、溶孔以及含油气性都会引起储层的孔隙度、饱和度、层速度和地震振幅、频率等属性的变化，从而引起地震吸收系数的变化。因此，利用地震能量吸收分析技术预测裂缝储层发育情况是可行的。

由反射波法地震勘探原理可知，地震波在地下介质内的传播过程中，地震波信号的衰减因素很多，这些衰减因素主要表现为相邻岩相界面以及断层、裂缝处的反射机理、同相介质中的球面扩散、以及同相介质内的物性变化（含有油、气、水等），而这些因素中最关心的是最后一种，即同相介质内的物性变化所引起的地震信号的衰减。

衰减属性分析的主要目的是通过属性标定将定量的地震衰减属性转化为储层特征，地震属性标定中最重要的是认识和识别能够反映地质意义和物理意义的具有稳定统计特征的属性。理论研究表明，与致密的单相地质体相比，当地质体中含流体如油、气或水时，会引起地震波能量的衰减；断层、裂缝等的存在也会引起地震波的散射，造成地震能量的衰减。因此，衰减属性是指示地震波传播过程中的衰减快慢的物理量，是一个相对的概念。衰减属性的分析可以反过来指示这些衰减因素存在的可能性和分布范围。这里的衰减属性分析就是要通过计算出的反映地震波衰减快慢的属性体来指示孔隙度的大小或裂缝发育强度和分布范围。

瞬时谱分析技术提供了频率域地震波衰减属性分析的手段，一般来说，在高频段，在地质背景条件相同的情况下，由于孔隙度大或裂缝发育，使得地震波信号的能量衰减增大，与不衰减的频率域特征相比，衰减后的整个频带将向低频段收缩。能量衰减可以通过能量随频率的衰减梯度、指定能量比所对应的频率、指定频率段的能量比等物理参数来进行指示，不同的物理参数从不同的侧面来反映孔隙度或裂缝发育情况。衰减梯度就是衰减属性之一，如图3-12黑色箭头所示，它表示了高频段的地震波能量随频率的变化情况，它可以指示地震波在传播过程中衰减的快慢。

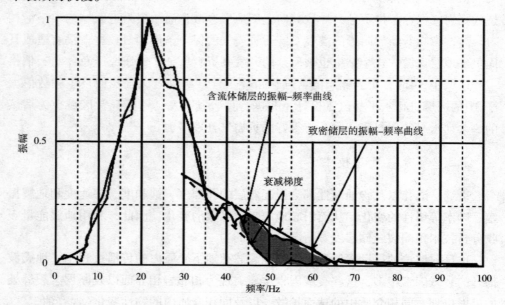

图3-12　吸收衰减属性用于溶孔、裂缝等有利储层的检测

有关衰减属性的计算都用到了叠后纯波数据进行计算，大多数衰减算法主要是通过小波变换，将地震资料从时间域转换到频率域，在频率域内检测其高频端的衰减(图3-13)，其主要检测属性有以下几个。

(1)ATN_GRT通常叫衰减梯度(数据值一般在-2~0)，表示主频到最高有效频率之间的斜率，一般说，孔隙或裂缝含油气后高频端衰减较大，斜率增加，即负值越大。

(2)ATN_FRQ为起始衰减频率(即主频对应的频率)，一般孔隙或裂缝含油气后高频衰减快，即该值较高时，含油气可能性大。

(3)FULL_FRQ为85%能量所对应的频率，即对能量积分，当能量达到85%时对应的频率，一般是孔隙或裂缝含油气后降低。

(4)ENG_RTO为给定频率前面部分能量积分与总能量积分之比，孔隙或裂缝含油气后该值一般会增大。

由吸收衰减属性计算的能量衰减梯度数据主要反映储层对高频能量的吸收衰

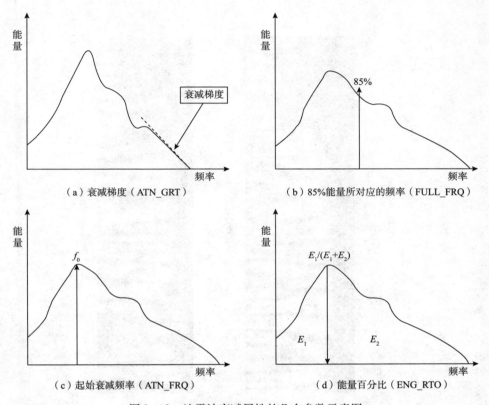

（a）衰减梯度（ATN_GRT）　　　　　（b）85%能量所对应的频率（FULL_FRQ）

（c）起始衰减频率（ATN_FRQ）　　　　（d）能量百分比（ENG_RTO）

图 3-13　地震波衰减属性的几个参数示意图

减能力，隐含着孔隙、裂缝发育程度的信息。如果储层为网状裂缝型，并被流体所充填，则会造成地震波的衰减，原则上衰减量与储层含流体多少及裂缝发育强度等综合结果成正比。

通过能量衰减梯度属性分析，焦石坝地区龙马溪—五峰组优质页岩段对地震波反射振幅能量的衰减比较敏感，在主体构造部位上都呈衰减较强烈的状态。如图 3-14 中，可见两井中的龙马溪组下部的衰减情况，jy2 井的能量衰减要比 jy1井要强，从箭头的倾斜度形态可以看到（虚线框位置为页岩底部）。从钻井岩心分析得到，jy2 井页岩段的岩心要比 jy1 井破碎，表明在裂缝发育方面，jy2 井的龙马溪组下段相对要强些，并且 TOC 值总体上也比 jy1 为高，也表明微裂缝的发育有助于页岩气的析出。图 3-15 中的灰白—黑色区域（衰减梯度值小于 -0.8）为优质页岩储层的有利分布区域，具体表现为地震波能量衰减相对较为强烈的区域而造成衰减梯度值低（负值），从 jy1 井及 jy1-HF 井的钻井资料也揭示，这些衰减梯度值低的区域钻遇优质页岩储层。

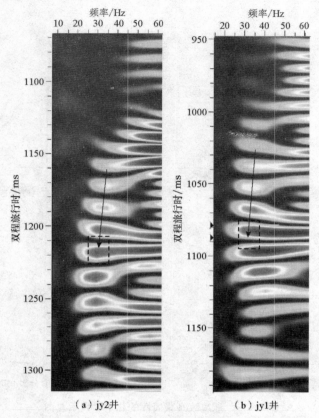

（a）jy2井　　　　　　　（b）jy1井

图 3-14　焦石坝地区井点处页岩层段的频谱成像分析结果显示

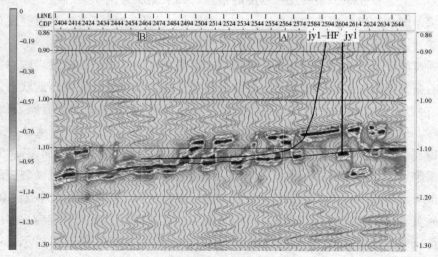

图 3-15　过 jy1 井及 jy1-HF 井连井页岩段衰减梯度（ATN_GRT）剖面

　　对四川盆地外川东南 M 地区的海相龙马溪组一段—五峰组页岩层进行衰减梯度计算，得到衰减梯度平面图（图3-16）。图中的灰白—黑色区域（衰减梯度值小于 -0.71）为该海相优质页岩储层的有利分布区域，具体表现为地震波能量衰减相对较为强烈的区域而造成衰减梯度值低（负值）。图3-16 中的点、划线圈定的椭圆区域为向斜底部的小背斜构造，俗称"洼中隆"；过该区域的页岩段的测线的衰减梯度结果显示该部位的吸收衰减值较小，呈长条状展布并且分布稳定，可在该部位沿测线布设导眼井及水平井段（图3-17，见双箭头之间区域），有望对其压裂获工业气流。而该区域的地表出露部位的衰减梯度值较大，为淡白色分布（衰减梯度值大于 -0.71），预示该区域的页岩气保存条件较差，造成页岩裸露而致使其层中的页岩气已大部分逸散。

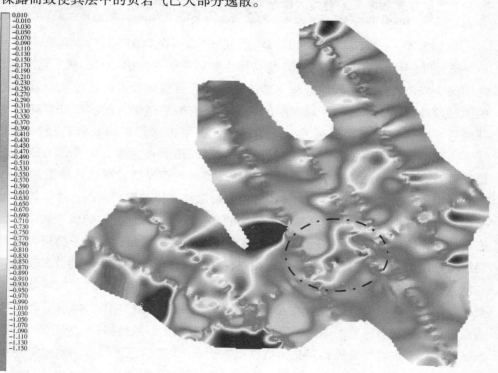

图3-16　川东南 M 地区海相页岩段的衰减梯度（ATN_GRT）平面图

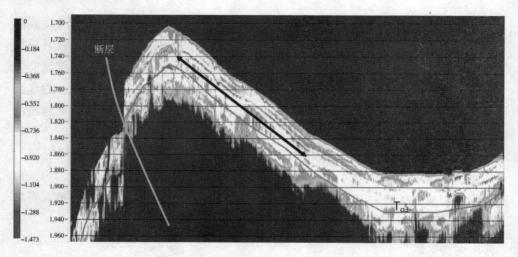

图3-17  M地区过"洼中隆"某测线上页岩段的衰减梯度（ATN_GRT）剖面图

傅立叶（Morlet 小波、S 变换）高亮体主要利用傅立叶谱计算法求取功率谱，功率谱中峰值所对应主频能量与主频的比值计算高亮体数据。该方法也是常用的储层预测属性之一，对于薄互层的储层，横向的主频变化能够比较准确的反映储层厚度或裂缝发育情况的变化。同时，主频也对地层的吸收性能反映敏感，主频的变化很可能是一些烃类目标及裂缝的指示。总体上来看，当储层裂缝发育时，则其高亮体值越小；反之，储层相对致密完整时则高亮体值越大。

利用三维地震资料计算高亮体，并沿层提取高亮体数据平面图。按计算流程对川东南焦石坝地区提取龙马溪—五峰组的高亮体沿层切片，得到该地区关于页岩段的高亮体沿层切片（图3-18）。从图中可以看到，当储层发育小型裂缝并且裂缝发育较弱，其页岩气保存条件则相对较好，这种情况下高亮体的数据值呈较高值状态，即为图中的白色—灰色区域（数据值位于0.58～0.73），该区域适于页岩气勘探；储层裂缝剧烈发育及页岩储层保存状态不好（TOC 含量低）时，则高亮体呈低值状态，见图中数据值小于0.58 的区域，一般呈黑—淡黑色的区域，该区域不适于页岩气勘探；高亮体数据值大于0.73 的白色区域推测页岩储层保存条件相对较差，泥页岩中微型裂缝相对发育而不利于压裂，该区域也可进行页岩气勘探，但推测页岩气井的产能相对较低。所以，利用高亮体技术可以预测优质页岩储层的分布、裂缝发育程度及保存状态并确定勘探井井位的布设，预测结果与地质情况吻合较好。

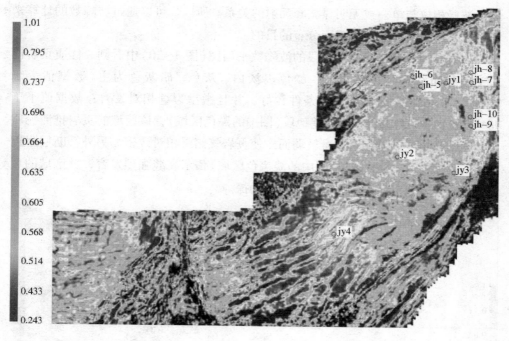

图 3-18 焦石坝地区龙马溪—五峰组页岩段高亮体沿层属性平面图

### 3.2.3 波峰数

波峰数计算的是分析时窗内的正波峰数，这是因为同一层段内沉积的层界面数目不同而造成波峰数有差异。一般情况下波峰数大多数是整数值，因为波峰在这里被认为是任意相对的最大值。

波峰数属性主要用于相邻层理间的集中部分很明显而不是其他方面，能从反射波峰数目上对相关的沉积、裂缝及储层进行识别。作为相对最简单的频率属性，波峰数属性对分层或微裂缝预测是敏感的，复合多层通常在过零频率或平均瞬时频率中是发现不了的。利用波峰数属性可以有效的识别薄互层，也是预测砂岩厚度的常用属性；在微裂缝预测中，裂缝可能会引起波峰数的变化——通常表现为波峰数的增多（图3-19）。页岩气勘探实践过程中发现在焦石坝地区内高产页岩气井的页岩段的反射结构组成与低产的页岩气井在页岩段的反射结构上略有差异，具体为

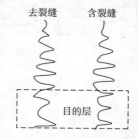

图 3-19 某井去裂缝段及含裂缝段的合成记录对比示意图

三个波峰相位与单一或无明显波峰反射的关系。所以,可以通过波峰数的计算来达到识别优质页岩储层的平面分布的目的。

从焦石坝研究区优质页岩段的波峰数平面图(图3-20)中看到,优质页岩储层主要分布在构造主体部位,颜色以淡白、灰色、暗灰色为主(数据值大于0.4),该区域的页岩储层保存条件较好,并且微型裂缝相对发育;数据值小于0.4的区域推测为页岩相对较差地段(图中的黑色区域),该区域的页岩推测泥质含量相对较重或裂缝相对发育较弱而致使页岩气储层相对致密。另外,断层附近区域的高波峰数(大于0.9,图中的淡黑色区域)预示裂缝强烈发育,该区域的页岩气保存条件较差,不利于进行页岩气勘探。

图3-20　焦石坝地区龙马溪—五峰组页岩段波峰数平面图

### 3.2.4　多属性融合技术

页岩地层的 TOC 含量增大后在测井特征上有相应的显示,多属性融合反演即将 TOC 曲线与地震道或者地震道的变换(地震属性)结合起来,两者的计算转换公式如下:

$$L(x,\ y,\ t) = F\big[A_1(x,\ y,\ t),$$
$$A_2(x,\ y,\ t),\ \cdots,\ A_m(x,\ y,\ t)\big] \tag{3-5}$$

式中，$L(x, y, t)$ 为能反映 TOC 含量变化的测井曲线，$A_i(x, y, t)$ 为对应的地震属性，$F$ 为两者之间的函数关系。

首先在井震精细标定的基础上，获取井中目标曲线 TOC 与地震数据间的关系函数 $F$，然后将得到的 $F$ 函数应用于地震数据体，最终达到 TOC 数据体的预测。其中，在建立 $F$ 函数过程中，应该采逐步回归的方法，利用多种地震属性的结合预测目标曲线，并对目标变量或（和）属性变量使用非线性变换改善拟合关系，以期建立的关系合理可靠，过程中关键的是选择最优属性序列，建立合理的属性对。

以 jy1、jy2、jy3 及 jy4 井 TOC 含量测井曲线为基础，通过逐步回归及交互验证，建立了焦石坝地区 TOC 含量最优地震属性对（表 3-2），优选前 5 种属性（绝对振幅、道积分、滤波切片、平均频率、瞬时频率）利用地震数据进行了 TOC 含量的预测，对预测结果的交互验证表明预测曲线与原始测井曲线相关性达到了 0.9（图 3-21），满足研究区进行 TOC 含量预测的要求。

表 3-2　TOC 含量多属性分析最佳属性组合列表

| 数据体编号 | 属性名称 | 训练误差 | 校验错误 |
|---|---|---|---|
| ① | 绝对振幅 | 0.005850 | 0.006961 |
| ② | 道积分 | 0.005306 | 0.006743 |
| ③ | 滤波 15/20 ~ 25/30 | 0.004595 | 0.005711 |
| ④ | 平均频率 | 0.004330 | 0.005022 |
| ⑤ | 瞬时频率 | 0.004246 | 0.005060 |

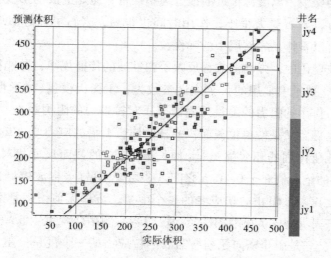

图 3-21　多属性预测结果与原始 TOC 曲线相关性（相关系数 0.9）

## 3.3 AVO 分析技术

AVO 分析是研究反射波振幅或频率随炮检距的变化来估测及分析弹性岩石物理特性的一门新的地震勘探技术，已相当成功地应用于地下油气探测，特别是天然的检测、岩性及储层特征的分析研究。

AVO 技术与地震、地质、测井等信息相结合，并将这些信息进行综合分析，这是油气预测的一种好方法，国内外应用它识别真假亮点、预测油气藏等已经有许多的成功例子。AVO 分析主要在共中心点道集（CMP）或共反射点道集上（CRP）进行，CRP 道集是经过叠前时间偏移后的地震道集。AVO 分析有时可以作为含流体的直接显示，主要是基于储层内部的孔隙或裂缝空间中含流体之后，P 波速度（$V_P$）与 S 波速度（$V_S$）的响应之差。P 波对孔隙或裂缝内流体的变化敏感，只要岩石孔隙或裂缝空间中有少量的流体如水、气就会使岩石的 P 波速度明显地降低；相反，S 波不受岩石的孔隙空间影响，它主要取决于岩石骨架。由于孔隙或裂缝中含有流体，使得储集层岩石中的 $V_P/V_S$ 降低，改变了来自储层顶与底的反射的相对振幅，它是波反射到界面上的角度的函数。在 CMP 道集内，对地震道相对振幅的研究便是振幅随炮检距变化的分析，即 AVO 分析。

### 3.3.1 基本弹性参数

在地震勘探中，离震源很近的地方为塑性带，爆炸造成的形变很大；而在远离震源的地方，岩石受力很小，作用时间也很短，岩石可以近似地看成是弹性体，地震波可以看作是岩石层中的弹性波。

在弹性波理论中，弹性波方程反映了弹性波的传播规律，并能揭示弹性波的本质。在 AVO 技术中常用的 5 个弹性参数为：①杨氏模量（或弹性模量）$E$：它是物质对受力作用的阻力的度量。固体介质对拉伸力的阻力越大，弹性越好，$E$ 值越大。其物理意义是使单位截面积的杆件伸长 1 倍的应力值。②泊松比 $\sigma$：它表示杆件受载荷作用的相对缩短量（伸长量）与它的截面尺寸相对增大量（缩小量）之比。它的绝对值介于 0 ~ 0.5 之间。③切变模量（或横波模量）$\mu$：它是切应力与切应变之比，是阻止剪切应变的一个度量，流体无剪切模量即 $\mu = 0$。④体积模量 $K$：它表示物体抗压缩的性质，说明岩石的耐压程度。⑤$\lambda$（常把 $\lambda$、$\mu$ 称为拉梅系数）：它是阻止横向压缩所需的拉应力的一个度量。阻止横向压缩的拉应力越大，$\lambda$ 值也越大。

### 3.3.2 纵波与横波

介质中各点的振动方向和波的传播方向相同的波是纵波，也称 P 波、疏密波或压缩波，声波就是纵波的一种。介质中各点的振动方向和波的传播方向相垂直的波是横波，也称 S 波、切变波或剪切波。横波可分为垂直偏振横波和（SV 波）和水平偏振横波（SH 波）。

弹性波的速度与岩石物理性质之间的关系如下列公式：

纵波速度：
$$V_P = \sqrt{\frac{\lambda + 2\mu}{\rho}} = \sqrt{\frac{E(1-\sigma)}{\rho(1+\sigma)(1-2\sigma)}} \tag{3-6}$$

横波速度：
$$V_S = \sqrt{\frac{\mu}{\rho}} = \sqrt{\frac{E}{2\rho(1+\sigma)}} \tag{3-7}$$

由于 $\lambda$、$\mu$ 和 $\rho$ 都是正数，所以以上两式对比，显然有 $V_P > V_S$。在流体介质中，$\mu = 0$，则 $V_P = \sqrt{\frac{\lambda}{\rho}}$，$V_S = 0$，所以横波的传播与纵波不同，它不受岩石在孔隙中充填的流体的影响。

纵横波速度比：
$$\frac{V_P}{V_S} = \sqrt{\frac{2(1-\sigma)}{(1-2\sigma)}} \tag{3-8}$$

如果纵、横波速度已知，则可求得泊松比 $\sigma$：
$$\sigma = \frac{0.5(\frac{V_P}{V_S})^2 - 1}{(\frac{V_P}{V_S})^2 - 1} \tag{3-9}$$

由于 $\sigma = \lambda/[2(\lambda + \mu)]$，所以当 $\lambda = 0$ 时，$\sigma = 0$；当质介为流体 $\mu = 0$ 时，$\sigma = 0.5$ 为最大值。因此泊松比 $\sigma$ 值在 $[0, 0.5]$ 范围内。当岩石越坚硬，$\sigma$ 越小，岩石越疏松，$\sigma$ 越大，尤其是压裂破碎和含流体后的岩石，泊松比 $\sigma$ 值明显增高。泊松比大致反映了岩石的特征。

各类岩石的泊松比 $\sigma$ 有明显的差异：$\sigma_{砂岩} = 0.17 \sim 0.26$，$\sigma_{白云岩} = 0.27 \sim 0.29$，$\sigma_{石灰岩} = 0.29 \sim 0.33$，$\sigma_{煤岩} = 0.38 \sim 0.46$，$\sigma_{风化层} = 0.33 \sim 0.5$，含气砂层 $\sigma = 0.1 \sim 0.2$，含油砂层 $\sigma = 0.22 \sim 0.25$。

在石油物探中，按岩石泊松比 $\sigma$ 的变化，尤其是含不同流体后岩石 $\sigma$ 的变化，可以进行岩石的横向追踪，判断岩石的含油、气、水特征。

在含水饱和碎屑砂岩中，纵横波速度之间的关系近似为：
$$V_P = a + bV_S \tag{3-10}$$

### 3.3.3 速度、密度与波阻抗、孔隙度和弹性系数的关系

波阻抗与密度和孔隙度的关系

$$\rho V = \frac{\rho}{\Delta t} = \frac{\phi \rho_f + (1-\phi)\rho_m}{\phi \Delta t_f + (1-\phi)\Delta t_m} \tag{3-11}$$

式中，$\rho V$ 为波阻抗，$\Delta t$ 为声波时差，$\phi$ 为孔隙度，$\rho_f$ 为流体密度，$\rho_m$ 为基质密度，$\Delta t_f$ 为流体时差，$\Delta t_m$ 为基质时差。

由波阻抗计算孔隙度的公式：

$$\phi = \frac{\rho_m - \rho V \Delta t_m}{\rho V (\Delta t_f - \Delta t_m) - (\rho_f - \rho_m)} \tag{3-12}$$

对于泥质含量较大的地层，由波阻抗计算孔隙度公式为：

$$\phi = \frac{(1-M)(\rho_m - \rho V \Delta t_m) + M(\rho_S - \rho V \Delta t_S)}{\rho V (\Delta t_f - \Delta t_m) - (\rho_f - \rho_m)} \tag{3-13}$$

式中，$M$ 为泥质含量，其他参数同式(3-11)。

通过速度、密度与弹性参数的关系，利用已知速度和密度，可求取如下 5 个弹性参数。

杨氏模量：
$$E = \rho \frac{3V_P^2 - 4V_S^2}{\left(\dfrac{V_P}{V_S}\right)^2 - 1} \tag{3-14}$$

泊松比：
$$\sigma = \frac{0.5\left(\dfrac{\Delta V_P}{V_S}\right)^2 - 1}{\left(\dfrac{V_P}{V_S}\right)^2 - 1} \tag{3-15}$$

切变模量：
$$\mu = \rho V_S^2 \tag{3-16}$$

体积模量：
$$K = \rho \left( V_P^2 - \frac{4}{3}V_S^2 \right) \tag{3-17}$$

拉梅系数：
$$\lambda = \rho \left( V_P^2 - 2V_S^2 \right) \tag{3-18}$$

### 3.3.4 AVO 反演属性成果及油气物性含义

1）道集分析

AVO 振幅异常除了随炮检距顺序排列外，还可按入射角顺序排列，即为时域($t-x$)和角道集($t-\theta$)的显示。这两种显示是 AVO 分析中最直观、最基础的，能反映出振幅随炮检距（入射角）的变化趋势，即振幅随炮检距或入射角增大而

增大或增大而减小。一般认为前者是存在油气层的识别标志。

当地震波垂直入射时,在叠前 CMP 或 CRP 道集中的非零炮检距地震道的反射系数(或反射振幅)包含了纵波和横波的信息。其反射系数按照入射角的大、中、小或炮检距的近、中、远进行排序。

$$R_{\mathrm{P}}(\theta) \approx \frac{1}{2}\left(\frac{\Delta V_{\mathrm{P}}}{V_{\mathrm{P}}} + \frac{\Delta \rho}{\rho}\right) + \left(\frac{1}{2}\frac{\Delta V_{\mathrm{P}}}{V_{\mathrm{P}}} - 4\frac{V_{\mathrm{S}}^2}{V_{\mathrm{P}}^2}\frac{\Delta V_{\mathrm{S}}}{V_{\mathrm{S}}} - 2\frac{V_{\mathrm{S}}^2}{V_{\mathrm{P}}^2}\frac{\Delta \rho}{\rho}\right)\sin^2\theta$$
$$+ \frac{1}{2}\frac{\Delta V_{\mathrm{P}}}{V_{\mathrm{P}}}(\tan^2\theta - \sin^2\theta) \tag{3-19}$$

当入射角 $\theta = 0°$,即垂直入射时,不含横波速度,为纵波反射系数。

$$R_{\mathrm{P}}(0) = P = \frac{\rho_2 V_{\mathrm{P}_2} - \rho_1 V_{\mathrm{P}_1}}{\rho_2 V_{\mathrm{P}_2} + \rho_1 V_{\mathrm{P}_1}} = \frac{1}{2}\Delta\ln\rho V_{\mathrm{P}} \tag{3-20}$$

当入射角 $0° < \theta \leqslant 30°$ 时,第三项的 $\tan^2\theta - \sin^2\theta \leqslant 0.083$,而 $\frac{\Delta V_{\mathrm{P}}}{V_{\mathrm{P}}}$ 又较小,所以可以略去,而第二项不可忽略应加上。

$$R_{\mathrm{P}}(\theta) = \frac{1}{2}\left(\frac{\Delta V_{\mathrm{P}}}{V_{\mathrm{P}}} + \frac{\Delta \rho}{\rho}\right) + \left(\frac{1}{2}\frac{\Delta V_{\mathrm{P}}}{V_{\mathrm{P}}} - 4\frac{V_{\mathrm{S}}^2}{V_{\mathrm{P}}^2}\frac{\Delta V_{\mathrm{S}}}{V_{\mathrm{S}}} - 2\frac{\Delta \rho}{\rho}\right)\sin^2\theta \tag{3-21}$$

当入射角较大 $\theta > 30°$ 时,此时的 $(\tan^2\theta - \sin^2\theta)$ 增加较快,不能忽视,必须加上第三项。

$$R_{\mathrm{P}}(\theta) = \frac{1}{2}\left(\frac{\Delta V_{\mathrm{P}}}{V_{\mathrm{P}}} + \frac{\Delta \rho}{\rho}\right) + \left(\frac{1}{2}\frac{\Delta V_{\mathrm{P}}}{V_{\mathrm{P}}} - 4\frac{V_{\mathrm{S}}^2}{V_{\mathrm{P}}^2}\frac{\Delta V_{\mathrm{S}}}{V_{\mathrm{S}}} - 2\frac{\Delta \rho}{\rho}\right)\sin^2\theta$$
$$+ \frac{1}{2}\frac{\Delta V_{\mathrm{P}}}{V_{\mathrm{P}}}(\tan^2\theta - \sin^2\theta) \tag{3-22}$$

岩石中充满气体以后,$R_{\mathrm{P}}(\theta)$(反射振幅)通常随炮检距(入射角)的增大而增强,不含气时 $R_{\mathrm{P}}(\theta)$(反射振幅)随炮检距(入射角)的增大而减弱,在接近临界角时又逐渐增强。

2)截距 $P$

$P$ 为由零炮检距截距构成的地震道,即纵波的叠加道,它代表对反射界面两侧波阻抗变化的响应。

$$P = \frac{\rho_2 V_{\mathrm{P}_2} - \rho_1 V_{\mathrm{P}_1}}{\rho_2 V_{\mathrm{P}_2} + \rho_1 V_{\mathrm{P}_1}} = \frac{1}{2}\Delta\ln\rho V_{\mathrm{P}} \tag{3-23}$$

在 P 波剖面上波峰表示由低阻抗到高阻抗的正反射界面,波谷表示负反射界面。常规处理后的叠加地震道是不同入射角(或炮检距)记录的平均,只能做为零炮检距反射纵波的近似。而 P 波剖面则是更接近于零炮检距剖面,所以更适合用于反演处理。含气后，$V_P$ 减小，$\rho$ 值不变，反射振幅增大。

3）梯度 $G$

当地震波入射角 $\theta \leqslant 30°$ 时，反射系数方式省略第三项，由下式表示：

$$R_P(\theta) = P + G\sin^2\theta \qquad (3-24)$$

假设 $\dfrac{V_P}{V_S} \approx 2$，那么 $G = -P + \dfrac{9}{4}\Delta\sigma$，该 $G$ 的表示式说明在上下两层介质的波阻抗一定时，泊松比差 $\Delta\sigma$ 对反射振幅随入射角的变化影响较大（见图 3-22），$\Delta\sigma$ 越大，反射振幅 $R_P(\theta)$ 随入射角的变化也越大。

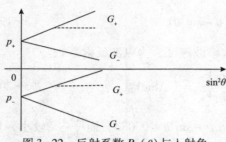

图 3-22　反射系数 $R_P(\theta)$ 与入射角 $\sin^2\theta$ 关系图

$P$、$G$ 皆可正可负，相互关系也见图 3-22，常见的 AVO 特性按 $P$ 和 $G$ 的符号有 4 种情况，即 $P>0$，$G>0$；$P>0$，$G<0$；$P<0$，$G>0$；$P<0$，$G<0$。

当 $P$ 与 $G$ 同号时会出现振幅绝对值随入射角的增大而增大，当 $P$ 与 $G$ 异号时，会出现振幅绝对值随入射角增大而减小。在一般 CRP 道集上，油气层的振幅随入射角的增大而增大，而含水层振幅随入射角的增大而减小，利用这种差别识别油气层，但要注意的是这种差异并非都是油气层所致。

4）泊松比反射（$P+G$）

它反映了纵、横波速度比或泊松比的变化情况，由 $P+G=\dfrac{4}{9}\Delta\sigma$，当反射界面上、下岩层的波阻抗值（或 $P$ 值）一定时，影响 $R_P(\theta)$ 变化率的参数就是上、下岩层的泊松比差（$\Delta\sigma=\sigma_2-\sigma_1$）。当 $\Delta\sigma>0$ 时，说明上层介质的泊松比小于下层介质的泊松比，泊松比是增大的；当 $\Delta\sigma<0$ 时，说明上层介质的泊松比大于下层介质的泊松比，泊松比是减小的。因此，泊松比参数在 AVO 中起着重要的作用。一般情况下岩石的泊松比随深度的增加而减小，含油气后会降低。

由泊松比与纵横波速度的关系式：$\sigma = \dfrac{0.5\left(\dfrac{V_P}{V_S}\right)^2 - 1}{\left(\dfrac{V_P}{V_S}\right)^2 - 1}$ 可知，假设岩石不含气时，

若 $\dfrac{V_P}{V_S}=2$，则 $\sigma=1/3$；如果含气时 $V_P$ 降低，如若 $\dfrac{V_P}{V_S}=1.5$，则 $\sigma=1/10$，泊松比则明显降低。因而岩层含气后，上、下介质的泊松比差 $\Delta\sigma$ 也会随之增大，所以 $P+$

$G = \dfrac{4}{9}\Delta\sigma$ 会增加。由此推断，储层含气以后，泊松比($P+G$)剖面显示高值。

5)碳氢检测($P \cdot G$)

在多数情况下，油气的存在使反射振幅 $P$ 和梯度 $G$ 绝对值都会增大，因此，$P \cdot G$ 剖面会更加突出，正异常($P \cdot G > 0$)说明在 AVO 增加的域，可能有油气存在，负异常为 AVO 的减小域。

6)流体因子 $\lambda\rho$

利用 AVO 分析所得到的纵、横波波阻抗进行流体因子 $\lambda\rho$ 计算得到，到相关的 $\lambda\rho$ 数据体。该 $\lambda\rho$ 的计算公式如下：

$$\lambda\rho = I_P^2 - 2I_S^2 \tag{3-25}$$

式中，$I_P$、$I_S$ 分别为纵、横波波阻抗。

7)P 波速度与 S 波速度

这一对属性剖面是 AVO 反演中 Aki & Richards 种类属性的最基本属性剖面，由于密度变化相对较小，它们的 AVO 异常特征与它们分别对应的 P 波波阻抗反射及 S 波波阻抗反射属性剖面很类似，所以在进行 AVO 异常分析解释时，可以只选出其中一种属性剖面。

当含气时，$V_P$ 大幅度减小，而 $V_S$ 基本不变(略有增大)，因而 $\Delta V_P/V_P$ 大幅度增加，$\Delta V_S/V_S$ 基本不变。所以若含气，一般在 P 波速度反射剖面上可以看到 AVO 异常，而在 S 波速度反射剖面上却看不到，两者有着明显的反差，是寻找 AVO 含气异常的最基本、最有力的分析对比剖面。

8)伪泊松比

由表达式 $R_q(\theta) = \Delta q/q$(这里 $q = V_P/V_S$)可知，当储层含气后，$V_P$ 降低，$V_S$ 不变，则 $\Delta q$ 绝对值增大，而 $q$ 相对变小，所以 $R_q(\theta)$ 在伪泊松反射属性剖面上显示为高值。

9)拉梅系数

表达式为：
$$R_\lambda(\theta) = \frac{\Delta(\lambda \cdot \rho)}{\lambda \cdot \rho} \tag{3-26}$$
$$\lambda = \rho(V_P^2 - 2V_S^2) \tag{3-27}$$

储层含气后，$V_P$ 降低，$V_S$、$\rho$ 不变，$\lambda$ 变小，$\Delta\lambda$ 变大，所以 $R_\lambda(\theta)$ 显示为高值。

10)剪切模量

表达式为：
$$R_\mu(\theta) = \frac{\Delta(\mu \cdot \rho)}{\mu \cdot \rho} \tag{3-28}$$

$$\mu = \rho V_S^2 \tag{3-29}$$

储层含气后，$\rho$、$V_S$ 变化微弱，剪切模量反射剖面振幅值变化不大，所以，剪切模量反射剖面对含气储层反映不敏感。

11）弹性波阻抗

弹性波阻抗反射表达式为：

$$R_{EI}(\theta) = \frac{\Delta EI(\theta)}{EI(\theta)} = P + G\sin^2\theta \tag{3-30}$$

$$EI(\theta) = V_P^{(1+\sin^2\theta)} \cdot V_S^{(-8k\sin^2\theta)} \cdot \rho^{(1-4k\sin^2\theta)} \tag{3-31}$$

式中，$k$ 为常数。

弹性波阻抗反射剖面，即弹性阻抗变化率剖面，含气储层弹性波阻抗剖面一般显示为小值。

12）不同入射角度的属性数据体

对道集数据按一定入射角度范围进行叠加、偏移处理并计算相关属性，能产生各种角度的属性剖面和数据体。一般情况下通常可以产生小角度、中角度、大角度范围的属性数据体，这些属性数据体的剖面往往也能很好的反映地震振幅随入射角变化的特征。在含气层段，大角度属性的振幅往往要比中、小角度属性的强，反射强度由小角度、中角度到大角度逐渐增强，剖面或平面成果很直观。所以这些不同角度属性也是寻找含气异常的很好分析资料。

### 3.3.5 梯度与截距分析

针对于页岩裂缝储层，利用 CRP 道集数据实施计算 AVO 的梯度数据体，并提取五峰组底及其向上 20ms 时窗内优质页岩段的沿层切片（图 3-23）。从 AVO 梯度（$G$）中可以看到，该区优质页岩裂缝储层基本上表现为梯度负值。梯度（$G$）是负值的区域在平面上的面积相对较大，呈块斑状分布，体现为灰黑色—白色所在区域，为优质页岩裂缝储层的分布区域，在研究区内呈大面积展布，其中尤以白色区域的页岩储层最好，页岩的含气性好且微裂缝相对发育［梯度（$G$）小于 -15］；淡灰—灰色区域为相对差含气区域［梯度（$G$）大于 18］，或者推测该区域的裂缝不发育或闭合。梯度负值越小则表明该区域的优质页岩储层中的微裂缝越发育或含气性好，平面上表现为颜色为白色的区域，裂缝储层稍次者为灰黑色区域，淡灰色和灰色所分布的区域则为较差页岩储层（相对致密）—AVO 梯度（$G$）是正值，局部区域也有可能是裂缝强烈发育致使页岩保存条件不佳所致。总的来说，从 AVO 梯度（$G$）剖面构造主体的局部放大图小于 4 时，页岩储层相对较好，在构造主体部位上呈无规律、块状分布（淡白色、灰黑色）；断层及其附近的色带相对混杂，呈斑块状分布，但断层的边沿部位含气情况较好（灰黑色线带状），钻井揭示该色带的含气量较高、裂缝相对发育；AVO 梯度值大于或等于 4 的区域（灰色），主要分布在断裂部位，揭示裂缝剧烈发育造成页岩气逸散或页岩的含气量不高的状态，或者页岩中的裂缝在现今的地应力作用下呈紧闭状态。

　　通过上述计算方法预测页岩储层裂缝，得到 AVO 梯度值与储层的裂缝发育强度成反比关系。通过对该区大量过井 AVO 梯度的储层标定，也证实这种关系。所以，利用 AVO 梯度实施对页岩储层裂缝或含气性的检测是可行的。

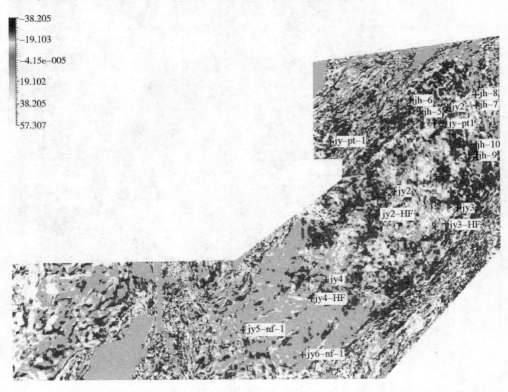

图 3-23　焦石坝地区龙马溪—五峰组沿层 AVO 梯度平面图

　　从截距来看，AVO 截距值与页岩岩性及其含气量相关（图 3-25、图 3-26）。当 AVO 截距值大于 37.5 时，该区域的数据主要分布在构造主体部位上，呈淡黑色、灰黑色、淡白色块状分布；小于或等于该值的灰色、浅灰色区域主要分布在断裂、主体构造的倾没端，整体成块状展布，该区域也零星分布淡白

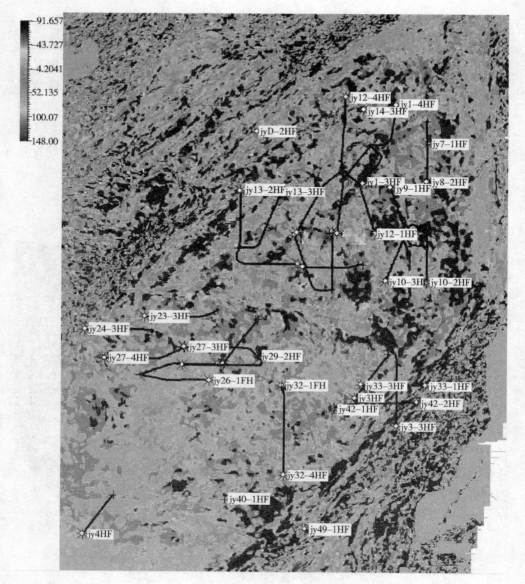

图3-24 焦石坝地区龙马溪—五峰组构造主体的沿层 AVO 梯度平面图

色块斑状相对高截距区域。经钻井资料揭示，淡黑色、灰黑色、淡白色区域的整体页岩含气量高，且页岩岩性中脆性矿物含量相对较高，利于压裂；灰色、浅灰色区域的含气量相对较低，微裂缝弱发育或裂缝呈紧闭状态，压裂效果大部分不好。

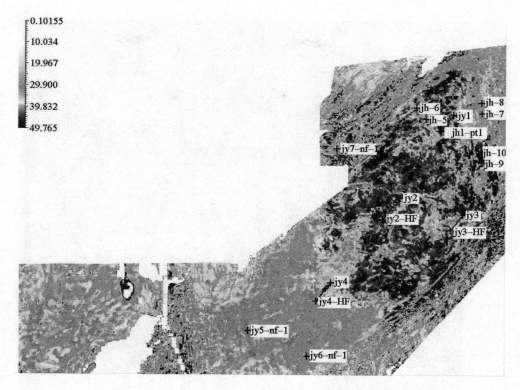

图3-25 焦石坝地区龙马溪—五峰组沿层 AVO 截距平面图

通过上述计算方法预测页岩储层含气性，得到 AVO 截距值与储层的含气性成正比例关系，即 AVO 截距值越大，则页岩的含气性或微裂缝相对发育；AVO 截距值越小，则页岩的含气性相对较差。通过对该区大量过井 AVO 截距的储层标定，也证实这种关系。所以，利用 AVO 截距实施对页岩储层裂缝或含气性的检测是可行的。

## 3.4 约束建模技术

焦石坝研究区内的龙马溪组一段—五峰组（龙一段）岩性以一套灰黑色碳质笔石页岩、碳质放射虫笔石页岩或含放射虫碳质笔石页岩、含笔石碳质页岩为主，少量黑灰—灰黑色含碳质笔石泥岩、含笔石碳质泥岩、含碳含粉砂质泥岩及含粉砂泥岩。页岩水平层理发育（易于压裂），笔石化石丰富，局部含量可达80%，常见较多硅质放射虫及少量硅质海绵骨针等化石，普遍夹黄铁矿条带及含较多分散状黄铁矿晶粒，总体反映该段岩性是缺氧、滞留、水体较深的深水陆棚

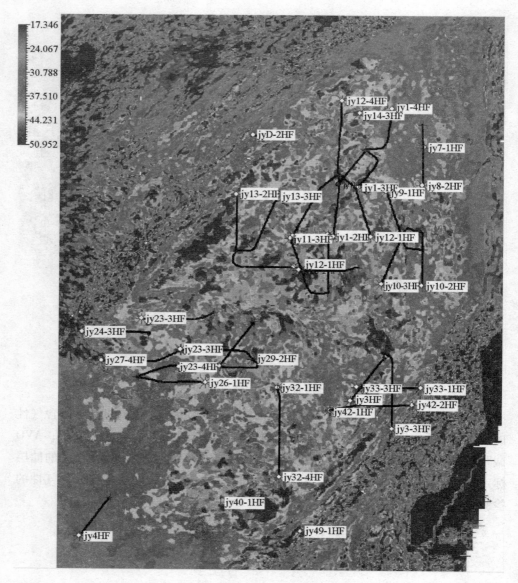

图 3-26 焦石坝地区龙马溪—五峰组构造主体沿层 AVO 截距平面图

环境沉积。从图 3-27 的 jy1 井的测井曲线来看，气测全烃值与总含气量、TOC 具有正比例的关系，且有利的优质页岩段主要位于龙一段的下部地层。该层段的 气测全烃值相对其他层段呈高值状态，数值处于 0.3~2.13 范围之间。该层段由 于微裂缝相对发育且脆性高，且易于进行水力压裂，是研究区内页岩气生产的重要层段，也是需要地震资料对其进行预测及反演的重点层段。

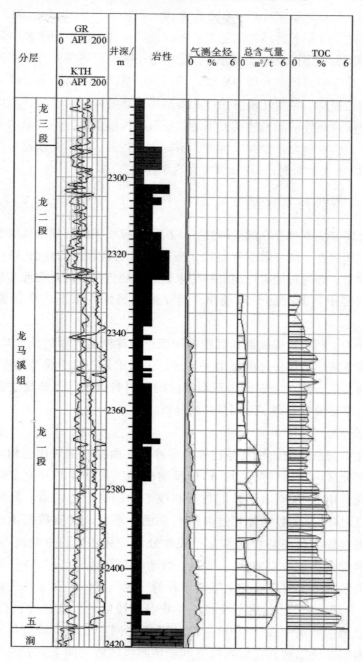

图 3-27　jy1 井的测井 TOC 曲线及全烃值曲线示意图

三维建模一般都遵循点—面—体的步骤，即首先建立各个井点的一维垂向模型，其次建立储层的框架（由一系列叠置的二维层面模型构成），然后在储层框架基础上，建立储层各种属性的三维分布模型。建立构造模型主要以地震解释的断层数据和层面数据以及依据高分辨率层序地层学确定的单井分层数据为输入数据源，依次建立断层模型和层面模型，根据该区基础地质研究组合两者的空间关系，建立构造模型。常规建模方法往往是根据井点解释的属性值，应用序贯高斯模拟方法，实现属性的随机建模。不足之处是建模结果往往是数学的成分多，地质的成分少，再有就是缺少井间约束，不确定性较强。为了克服这种局限，此次属性建模（以全烃值为例）采用反演属性约束建模方法。

### 3.4.1 属性约束建模

针对建模方法本身存在的局限性，本次研究拟根据焦石坝地区海相地层的实际地质情况和属性、测井数据等特点，应用三维地震数据的叠前 AVO 反演成果进行井间约束。即通过地震反演资料约束建立全烃值模型，并在此基础上按照全烃值在不同井中目的层的分布规律，建立地震属性约束下的全烃值平面分布模型。

国内外关于利用地震成果和沉积相知识进行建模这方面的成果是相当多的，但关于约束方法之适用条件的报道并不多，而适用条件对于模型精度非常重要。此次研究的特色不仅在于根据焦石坝地区的资料特点设计了建模思路和工作流程，还在约束建模中强调了适用条件的分析。

1）数据分析

通过井中的全烃值曲线及与过井的多种属性曲线数据对比、相关性分析发现，针对研究区内页岩气层进行 AVO 反演的梯度数据体与井上全烃值相关性较好，因此利用 AVO 反演的梯度数据对模型的构建进行约束。具体操作为首先对 AVO 反演的梯度数据体切过井属性剖面，观察该反演数据体是否与井上气测录井的全烃值存在某种联系及相关性分析；从井上的全烃值与 AVO 反演梯度数据两者相比较可以看出，尽管个别地方存在差异，但 AVO 反演的梯度数据体的负值总体上对应着井上气测录井的全烃值高值，初步认为两者存在一定相关性（负相关）。对过龙一段的各井井中全烃值进行统计分析（图 3-28），大部分全烃值主要集中在于 0.09 ~ 32.4 范围之间。由于全烃值与 TOC、总含气量关系密切，所以对其进行建模有利于预测该区域平面上页岩气的富集分布情况。

2）构造层面建模

构造层面建模过程就是根据实际的地层信息，利用各井分层点数据、网格化的层面数据、地震解释层面数据以及等值线数据等，通过3D网格模型插值生成关键层面构造模型，同时更新顶面（龙三段顶）、中面（龙二段顶）以及底面（龙一段底）共计三层的骨架网格模型（图3-29）。

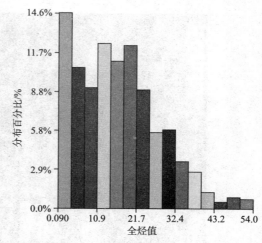

图3-28　龙马溪组一段各井井中全烃值统计图

3）属性约束建模

基于图形仿真的数据场可视化，利用散乱采样点属性值对未采样点属性值插值，建立物理变量的数学模型是至关重要的一步。在进行属性建模之前，通常首先需要将井数据（全烃值）赋值到网格模型中，这个过程在 GPTMode3 软件中的处理计算就称为数据离散化（图3-30）。建立研究区的储层构型模型后，再进行储层参数建模。GPTMode3 软件提供了两种储层参数建模方法。一种是确定性储层参数建模方法——普通克里金；一种是不确定性储层参数建模方法——序贯高斯。

图3-29　焦石坝地区龙马溪组地层（三层）层面模型示意图

克里金（Kriging）是地质统计学（空间信息统计学）的重要内容之一。作为一

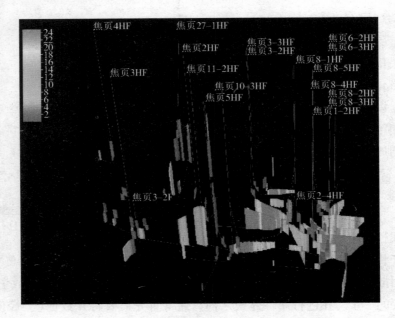

图3-30　龙马溪组一段各井井中全烃值BW属性模型

种建模方法，克里金建模具有无偏、最优的性质，能给出待估点属性值数学期望最好的近似。克里金建模方法依据不同的条件和要求可分为：线性克里金和非线性克里金、单变量克里金和多变量协同克里金、结合先验信息的克里金等，在一些领域的数据场可视化中有较广泛的应用。克里金是一个不断发展的建模方法，其理论和实际应用还存在着许多需要解决的问题，而结合先验信息建模和非线性建模等方面是其研究的热点。序贯高斯则应用高斯概率理论和序贯模拟算法产生区域化变量的空间分布。该方法要求随机变量服从正态分布，在储集层属性参数数据并非正态分布的情况下，可通过正态得分首先将这一区域化变量转换为正态分布，模拟后再将模拟结果反变换回区域化变量。实际操作中对这两种方法所得的结果进行了比较，认为采用了普通克里金方法进行属性约束建模与地质方面的认识吻合度相对较好。

### 3.4.2　应用实例

采用研究区内已钻开发井的气测录井数据，对研究区内的全烃值计算模型进行了验证。通过与各个水平井气测录井资料的对比分析发现，模型预测结果与实钻井的全烃曲线值在龙一段上相对吻合的占到85%以上，说明建立的约束模型是可靠的，利用本方法进行属性约束的全烃值建模方法是有效的。

　　总之，通过属性约束建模，实现了焦石坝地区页岩段的全烃值约束建模，最终建立的全烃值模型通过验证证实模型数据精度相对较高（图3-31）。与无约束建模（图3-32）相比，约束建模的结果可信度更高，以及与地质方面的认识更为符合。约束建模方法通常适用于平均井距小于2000m的页岩气藏，如果井距过大，由于地震反演方法、井数据的准确性等因素使得属性反演预测结果不准，会导致地震属性约束条件不适用，从而影响到模型的精度。需要说明是，模型的精度不仅依赖于井间约束条件，还取决于地震数据及测井资料、井数据方面的丰富程度、准确性等。另外随着钻井数的增多及井间距离的减小，模型通过不断的更新，精度还会进一步提高。建模原则通常为如果研究区内井数目多且相对密集，则以井数据为主进行建模，反演数据约束为辅；如井数目少且稀疏分布，则以约束数据为主，井数据为辅进行建模，建模方法也可采用不同的方法建模。实际中应根据不同的建模成果，有选择地使用合适的建模方法及工作流程。

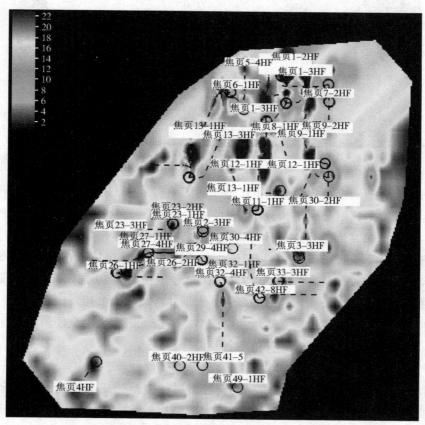

图3-31　龙马溪组一段AVO梯度属性约束的全烃值属性模型平面图

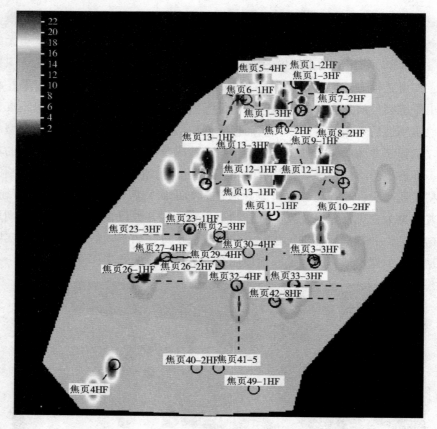

图 3-32　龙马溪组一段无约束的全烃值属性模型平面图

　　另外，通过对全烃值属性约束模型平面图上（图3-31）的分析发现，研究区内全烃值较高的区域呈斑块状分布（全烃值大于16）。总体上北部的全烃值相对较高，黑色区域高值部分分布形状呈带状或椭圆状且相对密集（全烃值大于20），而南部则总体上全烃值（淡白—灰黑色，全烃值大于16）区域分布面积相对较大，但全烃值则相对较低且高值区域略为分散（全烃值在16~19之间）；该区现有的开发井的产能数据也证实，北部的页岩气水平井产能总体上相对比西南部的页岩气水平井的产能高。通过建立属性约束模型，了解了研究区内全烃值的平面展布情况，这样有利于后续的开发井位布置及设计。

　　利用叠后反演的密度资料进行拟合全烃值属性计算，对其成果平面图与本次研究所采用的约束建模方法所得的全烃值属性模型的成果相比，显然全烃值属性模型的精度更高，预测结果相对更为准确。虽然两图总体上相似，但细节方面则差别相对较大，总体上认为模型的计算结果更为符合地质认识；另外，约束建模的成果与非约束建模的成果也有差别，笔者认为约束建模的地质效果比非约束建模的好（源于研究区井资料相对较少的情况）；其次，地震属性对建模也相当关键，不同的属性进行模型约束，所得结果差别也较大，所以选用合适、准确的地震属性进行约束很重要。一般应选择井上的属性与对应的建模的测井资料的吻合度最好的属性，并且两者之间具有好的相关性，如果选择吻合度差、相关性不好的地震属性进行约束建模，则模型的结果往往与实际情况误差较大。

对研究区后面一系列开发井目的层水平段（龙一段）的全烃值进行分析，结果显示约束模型的数据与井上的全烃值吻合度相对较好，基本上能够达到地质上的要求，从而满足了油气开发方面所需要的物探资料及开发布井依据，规避了钻井风险。

通过使用约束建模技术在焦石坝地区的应用实践表明，该技术很好的实现了利用井上资料实施反演属性的平面上的数据重构，更加与地质及测井的实际情况吻合，研究得到以下两点认识。

（1）针对焦石坝地区海相页岩气藏的实际情况和数据特点，利用合适的地震反演属性成果，提出了反演属性约束下的建模方法进行页岩段的全烃值建模。通过已有开发井的全烃值资料验证，所得的全烃值模型精度相对较高。

（2）应用地震反演资料约束进行建模，选择合适的属性及建模方法是重要的，它直接影响到建模的精度。实际操作中要根据工区的资料特点，灵活选择、设计适合本工区的属性及建模方法。

## 3.5    波形分类技术

地震相主要利用地震资料（包括振幅、频率、属性波形等）神经网络波形分析进行，可以相对提高地震相分析的可信度。运用人工神经网络分析、解释的层位数据及断层资料等，实施针对研究区内的目的层或目的区段，开展层间属性研究和地层特征描述，突破了只能进行构造解释的常规地震解释模式，最大限度地体现地震数据的价值，为多学科的综合研究提供便利条件，从而提高解释精度，降低钻探风险。

地震相是对特定沉积体的地震响应，即当沉积相单元发生变化时，其地震反射特征（包括波形、振幅、频率、相位、积分能谱、时频能量等）也必定发生变化。基于属性波形的地震层段的地震相分析是利用自组织的人工神经网络技术对选定的目标层段进行分类、学习、记忆和分析，借助无导师学习过程建立合成模型道，这些模型道代表了目的层段内地震属性数据道形状的变化，然后，通过自适应试验和误差处理，在模型道和实际地震数据道之间寻找最佳的相关性，得到地震属性波形异常及地震相平面图。

Stratimagic 软件提供了地震相分析的手段，基本工作流程见图 3-33。

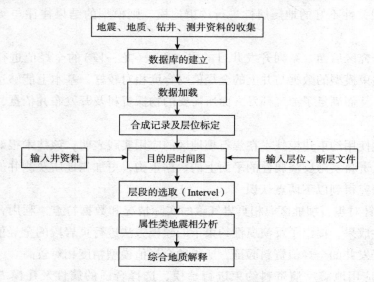

图 3-33　地震相分析工作流程图

　　焦石坝地区龙马溪—五峰组页岩段具有断层相对发育，构造不太复杂而简单，目的层埋藏浅，页岩储层分布相对平稳的特点。这次地震相分析主要针对龙马溪组一段—五峰组。此次波形分类选用小波高亮体属性，有关计算分析参数的选取如下。

　　(1)分析时窗：地震相分析时窗的选取，必须满足一个完全的波形，即 $\Delta t \geqslant T$（$T$ 为地震波周期，$\Delta t$ 为分析时窗长度），根据本区地震资料频率特征(主频 28~35Hz)和储层厚度特征，选择分析时窗长度为 40ms。

　　(2)波形分类数和迭代次数：一般而言，波形分类越细，迭代次数越高，分析的精度就越高。但是，随着分类数和迭代次数增大，运算时间就会成倍增长，大大降低工作效率。因此，一般情况下我们选择的分类数为 10，迭代次数为 30次即可。

　　根据工作流程利用小波高亮体数据沿层提取龙马溪组一段—五峰组的层段数据，并进行该属性数据的波形分类，得到图 3-34 所示结果。图中对分类的波形属性进行划分，可以将优质页岩层分为三大类：Ⅰ类主要包含模型道中的6、7，其中灰色、灰白色（7、6模型道）呈斑块状、相对均匀地分布在主体构造部位中，推测为微型裂缝或含气量较好的区域；Ⅱ类主要包含模型道中的6道、8道、9道及10道，呈块状、条带状及混杂状分布在Ⅱ类区域里，该区域主要为页岩层段的局部裂缝发育区域，但裂缝可能呈闭合状态，其中9类往往与断层及岩性异常体伴生，推测该区域总体上页岩层的含气性相对较差；Ⅲ类主要包含模型道中的6道，呈条带状及交叉状分布在Ⅲ类区域里，推测该区域的页岩层的含气量相对较差（可能含水），并且由于埋深较深，不利于压裂及开采作业。

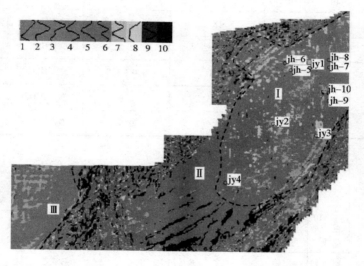

图3-34　焦石坝地区龙马溪—五峰组沿层高亮体属性波形分类平面图

从地震属性的波形分类来看，达到了预测不同页岩储层分布的目的，可以区分出不同的含气、裂缝发育情况的页岩大致分布区域，有利于指导页岩气的勘探及开发工作。

## 3.6　地层压力系数预测技术

jy1井的突破，充分证明了焦石坝地区具有良好油气保存条件和较高压力系数。单井保存条件主要通过天然气组分、压力系数、含气量或气产量等三个因素来评价，其中压力系数是反映保存条件的关键参数。下古生界页岩气钻井中，高产井（如jy1-HF井、w201-H1井）均存在异常高压页岩气层，利用产能测试和变流量试井理论，计算 jy1–HF 井五峰组—龙马溪组一段地层压力 37.69MPa，压力系数为 1.55，属于高压。而低产井和微含气井（如 hy1 井、yy1 井等）一般都为常压或异常低压页岩气层。另外，统计发现四川盆地及周缘下古生界页岩气产量与压力系数呈正相关关系（表 3-3、图 3-35）。

表 3-3　四川盆地及其周缘实钻井保存条件评价

| 构造位置 | 井号 | 气产量/$(10^4 m^3/d)$ | 压力系数 | 气体主要组分 | 保存条件评价 |
|---|---|---|---|---|---|
| 盆内 | jy1–HF 井 | 20.3 | 1.45 | $CH_4$ | 好 |
| | w201 – H1 井 | 1 | 1.0 | $CH_4$ | 好 |
| | n201 – H1 井 | 18 | 2.0 | $CH_4$ | 好 |
| | y201 – H2 井 | 43 | 2.2 | $CH_4$ | 好 |
| 盆缘 | py – 1HF 井 | 2.5 | 0.9 ~ 1.0 | $CH_4$ | 好 |
| | z101 井 | 微含气 | 0.8 | $N_2$、$CO_2$ | 差 |
| | yy1 井 | 微含气 | 0.8 | $N_2$、$CO_2$ | 差 |

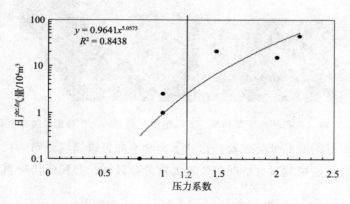

图 3-35　龙马溪—五峰组页岩气产量与地层压力系数关系图

　　在正常压实地层中，随着井深的增加，地层逐渐被压实，地层岩石的孔隙度逐渐减小，地震波在岩石中的传播速度逐渐加快。而在异常高压地层中，表现为与正常压实趋势相反的变化，孔隙度比正常压实的孔隙度大，岩石密度比正常压实的密度值低，地震波波速比正常压实的波速小。综上分析，地震波在地层介质中的传播速度与岩层埋藏深度、岩石沉积年代和岩石密度有正比的关系，与岩石孔隙度变化成反比关系，这些特征与常规声波测井的规律性一致，因此，利用地震波速度进行地层压力预测理论上是可行的。本次压力预测的层段位于龙马溪组底部的优质泥页岩段，而且尽量规避了底部夹的薄层灰质云岩，以避免岩性差异的影响，确保预测的可靠性。

地震地层压力预测方法大致可分为图解法和公式计算法；图解法包括等效深度图解法、比值法或差值法和量板法；公式计算法包括等效深度公式计算法、Eaton法、Fillippone法和刘震云法、Stone法、Martinez法。常用的预测异常地层压力的方法，如等效深度法、Eaton法等，主要是针对欠压实机制提出的，需要确定正常趋势线，由于正常趋势线的建立带有较强的主观性和随意性。因此，对于面积较大的地区进行异常高压分析和预测时，Fillippone法是较为可行的。

Fillippone法是由美国加利福尼亚联合石油公司的 W. R. Fillippone 提出的，他于1978年和1982年通过对墨西哥湾等地区的钻井、测井、地震等多方面资料的综合分析研究得出的不依赖于正常压实趋势线的计算公式，并在实际应用中取得了较好的效果，计算公式如下：

$$P_p = P_{ov} \times \frac{V_{max} - V_i}{V_{max} - V_{min}} \tag{3-32}$$

$$P_{ov} = \overline{\rho_{ov}} gh \tag{3-33}$$

式(3-32)、式(3-33)中，$P_p$ 为地层压力，MPa；$P_{ov}$ 为上覆地层压力，MPa；$\overline{\rho_{ov}}$ 为上覆地层的平均密度，kg/m³；$h$ 为深度，m；$g$ 为重力加速度，9.8m/s²；$V_i$ 为地层层速度，m/s；$V_{max}$ 为孔隙为零时的地层速度，m/s；$V_{min}$ 为刚性为零时的岩石速度，m/s。

将式(3-32)以及静水柱压力计算公式($P_w = \rho_w gh$，$\rho_w$ 为地层水的相对密度)代入压力系数 $P_c$ 的定义公式($P_c = P_p/P_w$)，得到的地层压力系数的计算公式为：

$$P_c = \overline{\rho_{ov}} \times \frac{V_{max} - V_i}{V_{max} - V_{min}} \tag{3-34}$$

由于式(3-34)隐含了地层压力与速度之间呈线性变化的假设条件，而实际的地层未必满足这种规律。因此，预测的压力系数需实测压力数据进行校正。压力系数校正的方法可分成以下三步。

(1)将式(3-34)计算的压力系数进行归一化，求出待预测层段内的最大压力系数($P_{cmax}$)和最小压力系数($P_{cmin}$)，则归一化后的压力系数为：

$$P'_c = \frac{P_{cmax} - P_c}{P_{cmax} - P_{cmin}} \tag{3-35}$$

(2)统计出实钻井地层压力数据，垂向上按照压力的分布趋势划分成若干个压力变化区间，统计每个区间的压力系数变化范围。

(3)根据每个压力区间压力系数的变化范围，计算各区间校正后的压力系数：

$$P''_c = a - bP'_c \qquad (3-36)$$

式中，$a$、$b$ 为常数，取值大小与各区间压力系数变化范围有关，一般 $a$ 取值范围为 $1 \sim 3$，$b$ 取值范围为 $0 \sim 1$。

首先计算焦石坝地区的层速度数据体(可根据叠后反演得到)，并根据龙马溪组页岩段的埋深数据，利用 Fillippone 法实施对焦石坝地区的压力系数体预测计算(图3-36)，发现优质页岩段的压力系数普遍相对较高($1.27 \sim 1.55$)。从压力系数剖面图中可见，优质页岩段的压力系数值相对较大，并且整体分布相当稳定(图中淡黑—黑色区域)，预测该页岩层段有利于页岩气的产出、保存条件优越。实践中所预测的压力系数与井中实测的压力系数误差相对较小，达到了预测优质页岩储层分布的目的。

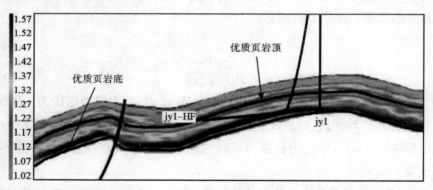

图3-36　过 jy1 及 jy1-HF 井的压力系数剖面图

当然，也可利用川东南及川南地区的二维地震资料及井资料进行叠后反演，得到该区域上的波阻抗平面图(图3-37)。在实际计算应用中，通过建立井上波阻抗与压力系数的关系(交会分析，建立函数关系式)，并采用井上的压力系数进行约束计算，从而得到该区域的海相龙马溪组的压力系数平面图。从该平面图上看，有利页岩段的压力系数在区域上分布稳定，而沿齐岳山大型断裂带附近的页岩压力系数衰减相对较快，并且西北部的页岩尖灭区压力系数相对也消散的较快。

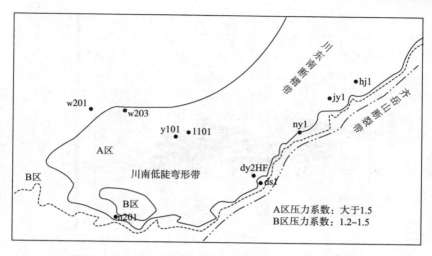

图3-37　川东南—南部区域龙马溪组的压力系数平面图

## 3.7　脆性指数计算

页岩本身往往具有低孔、低渗的特征，一般而言都需经过大规模压裂改造才能获得商业产能。通过近些年的研究发现，页岩的脆性能够显著影响井壁的稳定性，是评价储层力学特性的关键指标，同时还对压裂的效果影响显著，遴选高品质页岩脆性指数是必要的评价指标。

1）脆性指数计算方法

杨氏模量和泊松比是表征页岩脆性的主要岩石力学参数，杨氏模量反映了页岩被压裂后保持裂缝的能力，泊松比反映了页岩在压力下破裂的能力。页岩杨氏模量越高，泊松比越低，脆性越强。Rickman 等在 2008 年针对 Barnett 页岩进行了经验总结，认为低泊松比（小于 0.25）、高杨氏模量（大于 30GPa）的页岩其脆性更好。李庆辉等 2012 年采用 Barnett 页岩的数据描述了这一理念，并将北美 Haynesville 页岩、Eagle Ford 页岩和中国南方部分地区的页岩测试结果进行了投影，表现出杨氏模量增大、泊松比减小的趋势，即页岩脆性增强趋势。焦石坝龙马溪组优页岩段同样也表现出类似的特征（图3-38、图3-39）。

Rickman 于 2008 年进一步提出脆性指数（Brittleness Index，简称 BI）的概念及其计算公式：

$$BI = \frac{YM_{BI} + PR_{BI}}{2} \tag{3-37}$$

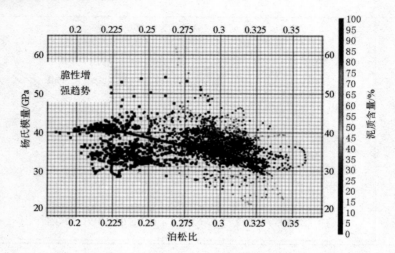

图3-38 jy1、jy2、jy3、jy4 井杨氏模量与泊松比交会图

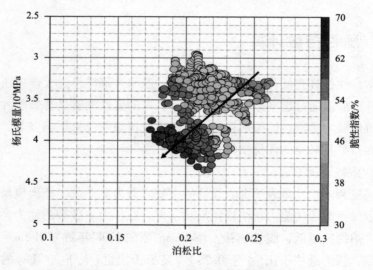

图3-39 jy1 井杨氏模量与泊松比、脆性指数交会图(箭头指示脆性增加方向)

通过统计分析采用以上公式计算得到的脆性指数 *BI* 与基于岩矿的脆性指数的关系,两者具有较好的相关性(图3-40),随着脆性增强,*BI* 也增大,进一步说明利用脆性指数 *BI* 进行焦石坝地区五峰组—龙马溪组泥页岩脆性预测的可行性。研究区的龙一段的一亚段整体上具有高 TOC 值并且脆性指数相对较高(图3-41),所以该层段适合进行压裂开采。

2)脆性指数计算

确定了表征页岩可压性的弹性参数为杨氏模量与泊松比,并进一步计算得到

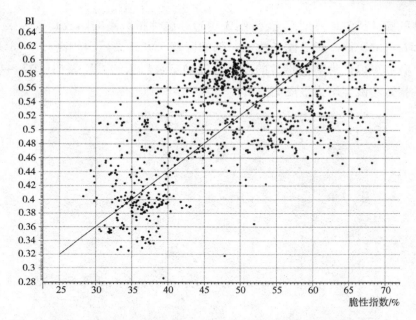

图 3-40　井中脆性指数 BI 与基于岩矿的脆性指数交会图

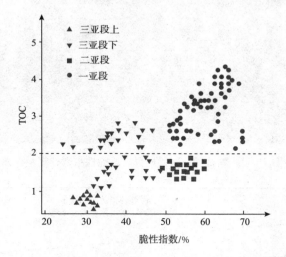

图 3-41　jy1 井优质页岩段（龙一段）的 TOC 与脆性指数交会图

岩石脆性指数。从过 jy1、jy2、jy4 井杨氏模量、泊松比和脆性指数反演剖面可看出龙马溪组—五峰组气藏段优质泥页岩的杨氏模量均大于 30GPa，泊松比小于0.26。总的来看，页岩段自上而下杨氏模量呈增大、泊松比降低等趋势，泥页岩脆性逐渐增强，具有较好的可压性。整体来看泥页岩气藏段脆性指数均大于 30，展布稳定，体现出焦石坝地区优质泥页岩整体上具有较高的可压性（图 3-42）。

从过井的脆性指数计算剖面上看(图3-43)，脆性指数高的区域其破裂压力相对较低(57~68MPa)，而脆性指数相对低的区域，其破裂压力较高(73~86MPa)。因此，我们可以认为脆性指数的高低可以确定页岩段的可压裂性(图3-44)，并且脆性指数与破裂压力呈反比关系。

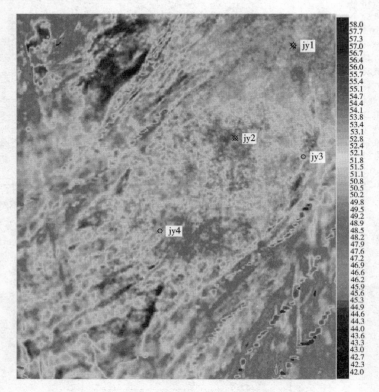

图3-42  焦石坝地区优质页岩段脆性指数计算平面图

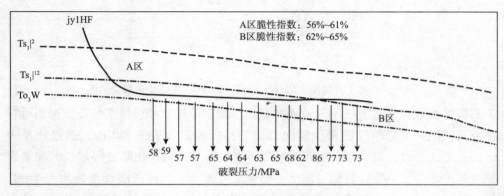

图3-43  过jy1HF井优质页岩段脆性指数计算剖面图

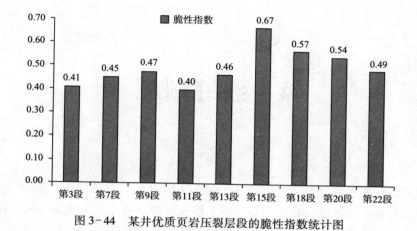

图 3-44　某井优质页岩压裂层段的脆性指数统计图

# 4 裂缝预测

　　裂缝发育在大部分页岩中，以多种成因（压力差、断裂作用、顺层作用等）的网状裂缝系统为特征。在页岩中裂缝、溶蚀页理缝是主要的储集空间，次要储集空间主要为钙质条带中的溶孔、生物体腔孔、晶间孔、粒间孔等。其中，粒间孔主要是指砂质及泥质双重孔隙。在钙质泥页岩互层为主的夹薄层砂岩的地层中，具有泥页岩裂缝、层理缝和薄层砂岩孔隙等储集空间。裂缝发育带不仅提供了游离态页岩气赋存的空间，而且为页岩气的运移、聚集提供了输导通道，并且对页岩气的开发十分有利。美国页岩气的开发实践证明只有裂缝发育的页岩气藏不需压裂就可以获得工业气流，多数的页岩气藏必须经过压裂才能达到工业产量要求。页岩气虽然具有地层普遍含气性特点，但目前具有工业勘探价值的页岩气藏或甜点主要依赖于页岩地层中具有一定规模的裂缝系统。在美国的大约30000多口页岩气钻井中，钻遇具有自然工业产能的裂缝性甜点的井数只有大约10%，表明裂缝系统是提高页岩气钻井工业产能的重要影响因素。除了页岩地层中的自生裂缝系统以外，构造裂缝系统的规模性发育为页岩含气丰度的提高提供了条件保证。因此，构造转折带、地应力相对集中带以及褶皱－断裂发育带通常是页岩气富集的重要场所。

　　当页岩层中发育有微型裂缝时，有利于对其进行压裂造缝，形成新的裂缝体系，有助于页岩气的产出；但当裂缝大规模强烈发育时，往往不利于压裂作用，且有可能对页岩气的保存条件造成破坏。所以，对微型裂缝的预测、研究不同规模的裂缝展布特征具有重要的意义。总体上看，裂缝网络具有改善储层性质和增加产能的双重作用。一方面，裂缝通过扩大储集空间，增加页岩气的储量；另一方面，裂缝可以贯通残余孔隙体积，提高页岩层的渗透能力，使在其中封存的天然气释放出来，并能加速吸附气的解析，形成渗流网络提高页岩气的产能。Patcher D. G. 和 Martin P. 等（1976年）通过取自美国东部地区的大量岩心观察和研究得出以下两点认识：一是裂缝的发育具有一定的方向性，裂缝发育的走向为北东

40°~50°，与阿巴拉契亚山脉走向相同，表明褐色页岩的裂缝是构造成因，其分布亦受构造控制；二是产气量高的井，都处在裂缝发育带内，而裂缝不发育地区的井，则产量低或不产气，说明天然气生产与裂缝密切相关。而在 Barnett 页岩的研究中，关于原生天然裂缝的重要性具有争议：一些研究发现 Barnett 页岩中天然裂缝的存在阻碍了人工裂缝，使压裂效果不好。总的来说，页岩的裂缝发育对页岩气的解析具有重要意义，但不同规模的裂缝体系对页岩气保存条件的影响各不相同：大规模（大型及中型）裂缝强发育（断层类）后对页岩储层往往具有破坏作用，而微型规模的裂缝则有利于页岩气的解析并利于压裂。此外，现阶段利用地球物理手段对裂缝的预测有多种（如电法、磁法、重力、地震等），但基于分辨率及应用程度来看，只有地震资料能满足相关的裂缝预测需要，并在页岩气勘探中得到大规模的广泛应用。

地层中发育的裂缝总的来说包括裂隙、节理和断层3种类型，按发育规模来分可有小型（微观）、中型（宏观）、大型裂缝（宏观）。裂缝具有一定的延伸长度和宽度，裂缝之间可有一定的间隔距离。裂缝可以是敞开的，也可能是闭合的；裂缝中可充满流体，也可能被其他矿物所充填；裂缝可以是天然形成的，也可以是人工形成的。所以，裂缝在地层中的存在具有多种表现形式。

在漫长的地质年代过程中由于构造力及其他力的作用，地层中的坚硬岩石通常极易产生裂缝，裂缝生成的原因可分为以下两种：第一种是构造及区域地质力形成的裂缝，地壳运动使地层发生褶曲，从而形成很长的裂缝带，可以观察到延伸几十千米长的断层裂缝带，构造地质力除了会造成大型的裂缝之外，还会造成大量的小型、中等规模的裂缝；第二种是受物理和化学作用形成的，在一定的温度和压力下，岩石自身脱水、收缩、干裂形成裂缝，这种裂缝多数是细小的微裂纹。从成因上来说裂缝主要存在四种类型的裂缝：即构造缝、层间页理缝、成岩收缩缝和异常压力缝（表4-1）。

表4-1 裂缝类型划分总结表

| 分类 | 名 称 | | 特 征 |
|---|---|---|---|
| 成因 | 构造缝 | 区域构造缝 | 大面积分布，延伸方向稳定，形态稳定、单一，裂缝互不错位 |
| | | 局部构造缝 | 有一定的方向性和分布规律，穿层，多组系 |
| | 非构造缝 | 泥裂、风化、压实、溶解、压溶、层间缝 | 发育普遍，方向多变，缝面弯曲，缝细小，少穿层 |

续表

| 分类 | 名　称 | 特　征 |
|---|---|---|
| 力学性质 | 平面 X 剪切缝 | 走向与背斜轴相交，纵向上垂直层面，缝面平直，缝壁紧闭。延伸长，穿层深 |
| | 剖面 X 剪切缝 | 走向与背斜轴平行或斜交，纵向上穿层并与岩层斜交，缝面平整，缝壁紧闭 |
| | 纵张缝 | 走向平行背斜长轴，纵向垂直层面，缝面粗糙不平，张开宽度大，穿层浅 |
| | 横张缝 | 走向垂直背斜长轴，特征与纵张缝相似 |
| | 张（或压）扭缝 | 在 X 型剪切缝的力学性质转移过程中形成。张扭缝张开，压扭缝紧闭 |
| 裂缝宽度 | 巨缝 | >1000mm |
| | 大缝 | 10 ~ 1000mm |
| | 中缝 | 1 ~ 10mm |
| | 小缝 | 0.1 ~ 1mm |
| | 微缝 | <0.1mm |
| 裂缝充填程度 | 充填缝 | 裂缝被矿物全充填 |
| | 不完全充填缝及未充填缝 | 裂缝部分被矿物充填或未被矿物充填 |
| 裂缝与层面夹角（$a$） | 立缝（或高角度缝） | $a > 75°$ |
| | 斜缝 | $a = 15° ~ 75°$ |
| | 平缝 | $a < 15°$ |
| | 不规则缝 | $a$ 变化不定，无固定形态 |

垂直裂缝　　　　水平裂缝　　　　倾斜裂缝　　　　网状裂缝

图 4-1　裂缝地质模型示意图

从裂缝的几何形态来看，基本上有四种类型，即垂直裂缝（构成 HTI 介质）、水平裂缝（构成 VTI 介质）、倾斜裂缝（构成 TTI 介质）和网状裂缝（图4-1）。根据岩心观察和测井解释发现大多数裂缝是垂直或近似垂直的裂缝，局部区域的井中岩心发现也有低角度的倾斜裂缝或水平裂缝、网状缝，在焦石坝地区页岩气井中的龙马溪—五峰组中广泛发育。

裂缝通常具有一定的宽度，小型规模的裂缝宽度是微米级的，裂缝的长度通常在几十到几百微米，中、大型裂缝的裂缝宽度是毫米级及以上的。裂缝的长度在几米到十几千米之间，大型裂缝可延长到几十千米，中、小型裂缝相互交叉构成网状结构，网状结构也可延伸几到几十千米。

一般情况下裂缝的间距通常是比较小的，大体是在几十到几百厘米之间。裂缝的宽度小，间距就小；裂缝宽，间距就大。裂缝的分布密度在不同的部位是不同的，在大多数情况下受挤压的核心构造部位（背斜或向斜）裂缝密度高达每米几十条，而在翼部可能每千米只有几十条。所以，在不同的构造部位上，裂缝发育的强度及产状可能有差异；其次，不同的岩性组合也可能比单一岩性在相同的构造应力作用下产生裂缝。

研究资料表明裂缝不仅是储集空间，也是流体的渗流通道。裂缝储层是指天然存在的、对储层内流体的流动具有重要影响的储层。裂缝能为油、气从基质孔隙流到井眼提供通道，裂缝储层有孔隙度和渗透率，具有含油、气饱和度。通常只有互相连通的裂缝才是有用的，但被充填的裂缝也可能在人工压裂的作用下张开，也可能利于沟通储层。裂缝可以是增加储集层的渗透性和孔隙度，也可是增加储集层渗透率的非均质性。所以，裂缝的分布密度、宽度，决定了储层的生产能力。

现阶段储层裂缝预测大多数情况下主要使用地震资料及其相关的地球物理技术来进行，当然还有其他的技术手段，如地球化学勘探方法、构造物理模拟、地质分析法等。地震勘探技术尤其是三维地震、井中地震（如 3D-VSP 技术）、四维地震技术等有助于准确认识复杂构造、储层非均质性和裂缝发育带，三维地震资料解释技术能优化井位和井轨迹设计，以提高探井（或开发井）成功率。

鉴于利用地震资料进行裂缝预测具有的横向分辨能力和空间展布预测的优势，在裂缝系统识别、裂缝性储层预测和精细描述方面具有重要地位，在各大油田及勘探公司中得到广泛而深入的研究和应用。但是，由于地震波的高频部分随向地下传播而出现指数式的衰减现象，造成返回地面时反射波的信噪比及分辨率降低而使裂缝识别相对困难；其次由于地震波分辨尺度的限制，目前关于裂缝预测的地震采集及处理、预测方法技术也在探索、创新之中。总的来说，地震裂缝预测主要有 3 类方法，适应不同的裂缝尺度。

（1）叠后地震几何属性。如曲率、相干、不连续性检测、蚂蚁追踪、构造应力场分析等，主要适用于裂缝展布尺寸大于地震波长的宏观尺度断层级别的裂缝。裂缝发育部位在地震剖面上往往表现为地震同相轴的错断，或者微弱的扭曲状（同相轴之间有移动量），大断裂则导致波组两边特征不一致甚至于产生断面波。

（2）叠前地震数据（方位）各向异性裂缝预测。主要针对裂缝尺度小于地震波长的弥散裂缝预测（小于地震波长），通过 P 波或 S 波的地震反射各向异性分析，定性描述裂缝强度和裂缝方位，或定量反演裂缝参数。由于利用叠前各向异性方法具有预测小于波长尺度裂缝的识别能力，地球物理学界对其开展了广泛深入的研究，特别是 P 波各向异性裂缝预测方法已在各大油田的勘探中得到应用。

（3）叠前地震绕射波成像方法，属于新兴技术。主要适用于裂缝尺度与波场差不多的群集裂缝，利用道集绕射波场进行成像，对地层中的断点和裂缝分布直接成像，该技术方法还在研究中。

## 4.1　相干体技术

相干体技术是由相干技术公司（CTC）和 Amoco 公司发明，1997 年获美国专利，名称为"信号处理和勘探的方法"。该技术被称为是近几十年来三维地震解释方面最重要的突破。与原来揭示地下异常体的方法相比，相干体技术更能清楚地识别断层和地层特征。相干体技术的特有算法是通过三维数据体来比较局部地震波形的相似性，相干值较低的点与地质不连续性如断层和地层、特殊岩性体边界密切相关。对相干数据体作水平切片图，可揭示断层、岩性体边缘、不整合等地质现象，为油藏描述提供识别油藏特征的有利证据。

计算地震相干数据体的目的主要是对地震数据进行求同存异，以突出那些不相干的数据。通过计算纵向和横向上局部的波形相似性，可以得到三维地震相关性的估计值。在出现断层、地层岩性突变、特殊地质体的小范围内，地震道之间的波形特征发生变化，进而导致局部的道与道之间相关性的突变。沿某一线时间切片计算各个网格点上的相关值，就能得到沿着断层的低相关值的轮廓，对一系列时间切片重复这一过程，这些低相关值的轮廓就成为断面。同理，地层边界、特殊岩性体的不连续性也产生类似的低相关值的轮廓。通过三维相关属性体的提取，就可以把三维反射振幅数据体转换成三维相似系数或相关值的数据体。

总的来说，相干数据体技术正是利用这种相邻地震信号的相似性来描述地层和岩性的横向不均匀性的。具体地说，当地下存在断层时，相邻道之间的反射波在旅行时、振幅、频率和相位等方面将产生不同程度的变化，表现为完全不相干，相干值小；而对于横向均匀的地层，理论上相邻道的反射波不发生任何变化，表现为完全相干，相干值大。对于渐变的地层，相邻道的反射波变化介于上述两者之间，表现为部分相干。根据相干算法，对偏移后的地震数据体进行逐点求取相干值，就可得到一个对应的相干数据体。自从 1995 年 Bahorich 和 Farmer 提出相干体算法以来，已从第一代基于互相关的算法 $C_1$、第二代利用地震道相似性的算法 $C_2$ 发展到第三代基于特征值计算的算法 $C_3$。

（1）第一代相干数据体计算（$C_1$）。

$$C_{12}(m) = \sum_{i=t+\frac{k}{2}}^{t-\frac{k}{2}} x(i)y(i-m) \qquad (4-1)$$

式中，$k$ 为时窗长度；$m$ 的大小与地层的倾角大小有关。

时窗大小的选择必须适当，$k$ 值过小，干扰的影响大；$k$ 值过大，相干值之间的差别减小，不利于小构造识别，同时计算量增大。一般地，取 $k$ 值为 $\left(\frac{1}{2} \sim 1\right)T^*$，（$T^*$ 为视周期）。

$$C_{11}(m) = \sum_{i=t+\frac{k}{2}}^{t-\frac{k}{2}} x(i)x(i-m) \qquad (4-2)$$

两道自相关函数分别为：

$$C_{22}(m) = \sum_{i=t+\frac{k}{2}}^{t-\frac{k}{2}} y(i)y(i-m) \qquad (4-3)$$

①二维两道 $C_1$ 算法。

在二维地震剖面选取相邻两道逐点求取 $C_1$ 相干值，计算公式为：

$$C_1(m) = \frac{C_{12}}{(C_{11}C_{12})^{\frac{1}{2}}} \qquad (4-4)$$

自动搜索 $m$ 的值，计算得到最大的 $C_1$ 作为该点的相干值。

$$C_1 = \max C_1(m) \qquad (4-5)$$

②三维多道算法。

三维情况要比二维情况多考虑一个方位角。三维三道的相干计算公式为：

$$C_1(m, n) = \left[ \frac{C_{12}}{(C_{11} \cdot C_{22})^{\frac{1}{2}}} \cdot \frac{C_{13}}{(C_{11} \cdot C_{33})^{\frac{1}{2}}} \right]^{\frac{1}{2}} \qquad (4-6)$$

式中，$n$ 值的大小与地层的方位角有关。

分别自动搜索 $m$、$n$ 的值，使计算所得到的最大值作为该点的 $C_1$ 相干值。

$$C_1 = \max C_1(m, n) \tag{4-7}$$

对多道情况：

设有 $J$ 道地震数据，则计算公式为：

$$C_1(m,n) = \left( \prod_{j=2}^{J} \frac{C_{1j}}{\sqrt{C_{11} \cdot C_{jj}}} \right)^{\frac{1}{J-1}} \tag{4-8}$$

$$C_1 = \max C_1(m, n) \tag{4-9}$$

（2）第二代相干数据体计算（$C_2$）

$$C_2 = \frac{\sum\limits_{m=n-\frac{N}{2}}^{n+\frac{N}{2}} \left[ \sum\limits_{j=1}^{J} d_{jm} \right]^2}{J \sum\limits_{m=n-\frac{N}{2}}^{n+\frac{N}{2}} \sum\limits_{j=1}^{J} (d_{jm})^2} = \frac{u^T C u}{Tr(C)} \tag{4-10}$$

式中，$d_{jm} = d_{jm\Delta t}$ 为地震数据，$u$ 为归一化向量，可以由特征向量 $v_j (j = 1, 2, \cdots, J)$ 正交形成，即：

$$u = v_1 \cos\theta_1 + v_2 \cos\theta_2 + \cdots + v_J \cos\theta_J \tag{4-11}$$

故有：

$$C_2 = \frac{u^T C u}{Tr(C)} = \frac{\lambda_1 \cos^2\theta_1 + \lambda_2 \cos^2\theta_2 + \cdots + \lambda_J \cos^2\theta_J}{Tr(C)} \tag{4-12}$$

（3）第三代相干数据体计算（$C_3$）

对于数据体中的相干计算点，设样点号为 $n$，给定按一定方式组合的 $J$ 道数据，取时窗长度为 $N$（$N$ 取奇数），定义协方差矩阵 $C$：

$$C(p,q) = \sum_{m=n-\frac{N}{2}}^{n+\frac{N}{2}} \begin{bmatrix} d_{1m}d_{1m} & d_{1m}d_{2m} & \cdots & d_{1m}d_{Jm} \\ d_{2m}d_{1m} & d_{2m}d_{2m} & \cdots & d_{2m}d_{Jm} \\ \cdots & \cdots & \ddots & \cdots \\ d_{Jm}d_{1m} & d_{Jm}d_{2m} & \cdots & d_{Jm}d_{Jm} \end{bmatrix} \tag{4-13}$$

式中，$d_{jm} = d_j(m\Delta t - px_j - qy_j)$ 为对应的地震数据，$p$ 和 $q$ 为视倾角。对于每一组 $p$、$q$ 值，都可以利用 $J$ 道（空间组合）、$N$ 个点的小数据体的信息来提取该计算点的相干属性值，由于以上协方差矩阵是对称的半正定矩阵，当原始数据矩阵的元素不全为零时，可以计算出它们的 $J$ 个非负特征值，定义下式为第三代相干体的相干值：

$$C_3 = \max\left[C(p,q)\right] = \frac{\lambda_1}{\sum\limits_{j=1}^{J}\lambda_j} = \frac{\lambda_1}{Tr(C)} \qquad (4-14)$$

式中，分母是矩阵的迹，代表了协方差矩阵的能量，$Tr(C) = \sum\limits_{i=0}^{J}\sum\limits_{j=0}^{J}C_{ij}$，这里

$C_{ij} = \sum\limits_{m=n-\frac{N}{2}}^{n+\frac{N}{2}}d_{im}d_{im}$；分子是最大特征值，代表了优势能量。对于每一时间点，在给定的视倾角范围内，计算不同 $p$、$q$ 时的相干值，取其中最大的相干值作为该点最终的相干结果。

实际计算时，为了提高运算速度，特征值可采用乘幂法计算，矩阵 $C$ 的迹及各元素的和可用递推法计算。

### 4.1.1 相干数据体计算实现方法

相干体计算的基本思路是从地震数据空间的一点出发，计算纵、横向波形相似系数或互相关函数，组合计算的值得到该点的相干属性；横测线两个方向并对数据体计算每一个点的相干值，最后得到整个相干数据体。相干数据体计算前应进行如下的处理：①网格点的分选：在水平面上将三维数据体分选成规则网格，例如 5m×10m 的数据体，分选成 10m×10m 的数据体，也可插值成 5m×5m 的数据体。②平滑滤波：由于三维数据体中的一些数据有一定的随机性，使地震道常常出现"毛刺"，且可能出现个别非地质因素所引起的异常（野值）。"毛刺"和野值的出现，对相干分析不利，因此需要做平滑处理。

### 4.1.2 相干技术参数的选择

1）相干方式的选择

主要有两种，第一种为正交模式，选用多个方向的地震道进行相干计算，能够满足多组系的裂缝预测。第二种为线形模式，只用了一个方向，适用于应力方向集中的单组系裂缝预测。

2）相干道数的选择

对于正交模式，参与的道数有 3 道、5 道、9 道。参与的道数越多，噪声压制越强，但具有平均效应，突出了大断层、较大尺度的裂缝发育带，但小断裂、小尺度的裂缝发育带反映不清楚。参与的道数越少，小尺度的裂缝发育带反映清楚，但抗干扰能力弱。所以在计算地震相干性时要根据研究地质目标的不同，来

选择参与计算的相干道数。通过实际处理和综合比较，在知道断裂大致走向的情况下，采用垂直于断裂走向的单向 5 点组合或 9 点组合方式效果最佳，并且运算速度最快，因为平行于断裂走向的相干性会压制垂直于走向的不相干性，最好不要选择同向的道数参加相干运算。

3）倾角搜索（ms/trace）

在给定的时窗范围内，目标道与相邻道的同一个同相轴进行相关就必须提供倾角校正功能，消除地层倾角不同所造成的相关系数的差别，这样输出的相关系数才能真实地反映同一时代地层的断裂。对于平缓地层，则该参数取较小的值；对于陡构造地层，需要输入较大的参数。

4）相干时窗

相干时窗的选择一般由地震剖面上反射波视周期 $T$ 决定。时窗过大，噪声压制强，具有平均效应，突出了地质尺度的裂缝发育带，但小尺度的裂缝发育带反映不清楚。时窗太小，计算出的低相干区带不是裂缝发育带而是噪声。因此在包括一个完整的波峰或波谷范围内，尽量选用小时窗，这样预测的结果分辨率高、裂缝发育带清楚。

### 4.1.3  相干体技术应用实践

相干体技术描述了地震同相轴的不连续点或突变点，可以清楚地识别断层、地层尖灭等地质现象，本次研究主要利用该技术进行页岩段中裂缝的预测。通过地震资料的全三维解释和三维相干数据体处理解释，实现了对焦石坝地区页岩段的断裂系统认识的进一步深化。应用实例中针对研究区内的龙马溪—五峰组页岩段采用第二代相干算法 $C_2$，运算参数为 3 线×3 道、时窗为 9ms 进行，得到相干数据体，并利用该数据体进行裂缝及断裂分析。图 4-2 为焦石坝三维工区内龙马溪—五峰组页岩段沿层相干数据体提取平面图，图中黑色线状（具有规律性）的低相干值条带所处的位置便是断层的响应，大体上呈北东—南西走向，分布在宽缓背斜构造两翼，局部也有正北走向的小断层，可见在沿层相干体平面上显示断层是非常明显的，从图中能够清楚地看出各条断层的形态和展布特征，反过来也能证明断层解释的正确性。另外图中有些小型的圈状、弯曲线状（黑色—淡黑色区域）推测为中型裂缝呈网状、交叉状密集发育部位，总体可见焦石坝主体构造部位上中型规模的裂缝相对较为发育，而白色区域为该规模及以上级别的裂缝相对不发育，推测为小型孤立状裂缝发育区域。另外，可见到 jy4 井附近有规律的封闭条带状，呈北东向展布，经后续的钻井验证证实是潮道相。通常情况下，由于输入的用于相干体计算的地震数据的信噪比、分辨率不是很高，可能造成对小型—中型规模的裂缝识别能力不高，平面上的相干图像往往呈模糊状，这类的裂缝区域辨识相对困难，如针对焦石坝构造主体部位上的裂缝发育预测的相干切片成果。

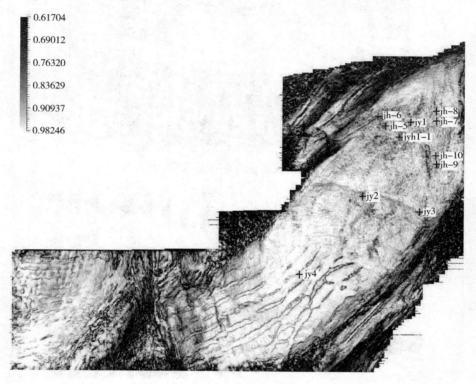

图 4-2　焦石坝地区龙马溪组一段—五峰组相干分析平面图

从过井相干剖面图上看到（图 4-3），相干剖面上显示页岩裂缝主要发育层间裂缝（见图中箭头位置），一般是指水平缝，偶尔也有高角度裂缝及斜交缝，但总体上后两种裂缝相对不发育；层间裂缝发育没有规律性，总体上呈斑块状分布，高角度裂缝或斜交缝切割层面，但总体上延展长度不大。另从图 4-4 中可以看出，利用地震剖面可识别某水平井轨迹在页岩段中穿行情况，该水平井轨迹基本上在优质页岩段中穿行，见图中的点—划线圆圈中的反射区域，解释的层位局部呈扭曲状、波折状，具有有坡降形特征—同相轴之间有细微移动量（错断），相干计算也显示这些区域呈低相干特征，经测井解释证实这些部位发育微型裂缝，该水平井经压裂后稳获高产工业气流。

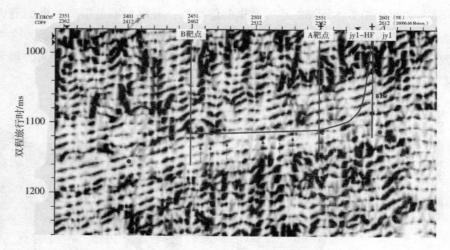

图4-3 过 jy1 井及 jy1-HF 井的相干剖面示意图

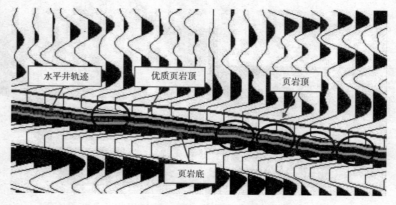

图4-4 过某高产页岩气水平井轨迹（局部）的地震剖面图

## 4.2 曲率技术

### 4.2.1 曲率技术简介

曲率属性在20世纪90年代中期引入到解释流程中，计算方式为用层面计算，其结果显示与露头资料上存在的断裂有很紧密的联系（Lisle，1994；Roberts，2001）。最近体曲率属性开始流行起来，解释人员可以从沿层面属性上识别出小的扰曲、褶皱、凸起、差异压实等特征，这些在常规地震资料解释时是无法追踪的、相干体上也呈现为连续低相干特征。通常意义上曲率是用来表征层面上某一点处变形弯曲的程度。层面变形弯曲越厉害，曲率值就会越大。如果将这些构造变形如扰曲、褶皱等定量结果与更常规的断裂图像结合起来，地质科学家就能利用井控下的构造变形模型来预测古应力和有利于天然裂缝分布的区域。曲率属性除了可用于刻画断裂和裂缝外，还能对一些地质特征进行呈现。对于一个二维的曲线而言，曲率可以定义为某一点处正切曲线形成的圆周半径的导数。如果曲线弯曲褶皱厉害，曲率值就比较大，而对于直线不管水平或倾斜其曲率就是零。一般情况下背斜特征时定义曲率值为正值，向斜特征定义曲率值为负值。

二维曲线曲率的简单定义方式可以延伸到三维曲面上，此时曲面则由两个互相垂直相交的垂面与曲面相切。在垂直于层面的面上计算的曲率定义为主曲率，同时可以计算最大和最小曲率，这两种曲率正好是互相垂直的。通常采用最大曲率来寻找断裂系统。

在属性领域内计算体曲率属性是重大的的变革。利用三维地震层位计算出来的曲率属性在预测断层和裂缝中的应用已经有很多成功经验；一些曲率特征与在露头资料上观察到的开启裂缝比较吻合（Lisle，1994），或者与生产资料一致（Hart 等，2002）。基于层位计算的曲率属性不仅受限于解释人员的追踪水平，还受目标层在三维资料中反射能量水平有关。如果资料中含有噪音或者岩性界面不呈现强反射界面时层位追踪是很困难的。近些年开始进行体曲率属性计算，这种方式就能减少层位追踪的影响（Al-Dossary and Marfurt，2006）。其计算过程简单表述为：先计算倾角属性和方位角属性体，这样每个样点处都有最佳的单倾角属性，然后比较邻近样点的倾角和方位角计算曲率，获得整个三维体的曲率属性。实际计算中可以计算出很多类型的曲率属性，其中最大正曲率、最大负曲率属性是最常用的。体曲率在刻画微小扰曲和褶皱时很有用处。除了断层和裂缝识别外，一些地层特征如河堤、点砂坝以及与断裂相关的成岩特征如岩溶、热液化白云岩等都能在曲率属性图上有很好的呈现，有差异压实作用的河道也能反映出来。

## 4.2.2 曲率技术计算原理

根据 Murray 等（1968）提出的构造曲率法原理，构造层面的曲率值大小反映岩层的弯曲程度，弯曲越大，其破坏程度越高，构造裂缝越发育。因此利用沿层弯曲面的曲率值分布，可以评价因构造弯曲作用而产生纵张裂缝的发育情况。

曲率定义为给定曲线一点处正切圆的半径的倒数。传统的曲率计算方法有：倾角变化率法、散点圆弧法、曲线拟合法、极值主曲率法、垂直二次微商法等。

近年来基于二阶导数的曲率计算，更前进了一步。

目前曲率属性包括面曲率和体曲率。面曲率是基于拾取界面的二阶导数，界面上任意一点有两个相互正交的曲线，一个代表最大曲率，另外一个代表最小曲率。曲率通常通过解释的层位，利用最小二乘法或其他逼近方法，拟合出二次曲面方程，从方程的系数可以推导出其他曲率度量，如最大曲率、最小曲率、平均曲率、主曲率、高斯曲率、倾角曲率、穿透曲率、形状指标、最多正曲率、最多负曲率等。

体曲率是一种根据 3D 地震数据体各个样点计算得到的几何属性，它对应的是地震反射体的弯曲和破碎特征。体曲率可直接由数据体加以计算，办法与面曲率一样，区别在于它不是计算面上的各点，而是体中的各点。曲率计算分为 3 步：①对各个体样点，取一个小的面，让它在所定义的水平范围内一定的点周围移动，通过在中心道与各周围道之间的垂向分析窗，找出最大互相关值来确定面深度，此互相关是用抛物线拟合来确定最大互相关的精确移动来做反向内插的；②在分析所确定的范围内，用最小平方二次面 $Z(X, Y)$，与垂向移动进行拟合；③最后，用经典的差分几何和由二次面的系数计算出曲率属性。体曲率可很好地检测和拾取断层和河道之类的地层特征，例如小断距正断层区域计算出的体曲率，能显示下盘边缘的高正曲率，反之，在上盘边缘显示的是高负曲率，这种高正、负曲率特征可用来解释小断距的断层。

根据弯曲薄板模拟得知构造面上一点最大主曲率反映该点裂缝发育程度，而最小主曲率方向指示裂缝走向，因此构造裂缝的分布问题化为构造面的主曲率计算问题。主曲率法是预测构造裂缝发育带的一种常用方法，该方法是在对层面数据（或构造图）网格化的基础上，可采用最小二乘法、趋势面拟合法或差分法进行曲率计算。

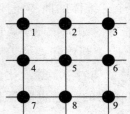

图 4-5　网格面元示意图

在采用最小二乘法计算时，为计算某一点的曲率，用周围 8 个网格点（图 4-5）的数值对局部进行拟合，再用相邻的 3×3 网格面元做逼近。Davis（1973）给出了构造面拟合的二次趋势面，其一般表达式为：

$$z(x, y) = ax^2 + by^2 + cxy + ey + f \tag{4-15}$$

上式中：

$$a = \frac{1}{2} \cdot \frac{\mathrm{d}^2 z}{\mathrm{d}x^2} = \frac{z_1 + z_3 + z_4 + z_6 + z_7 + z_9}{12\Delta x^2} - \frac{z_2 + z_5 + z_8}{6\Delta x^2}$$

$$b = \frac{1}{2} \cdot \frac{\mathrm{d}^2 z}{\mathrm{d}x^2} = \frac{z_1 + z_2 + z_3 + z_7 + z_8 + z_9}{12\Delta x^2} - \frac{z_4 + z_5 + z_6}{6\Delta x^2}$$

$$c = \frac{\mathrm{d}^2 z}{\mathrm{d}x\mathrm{d}y} = \frac{z_1 + z_2 - z_7 - z_9}{4\Delta x^2}$$

$$d = \frac{\mathrm{d}z}{\mathrm{d}x} = \frac{z_3 + z_6 + z_9 - z_1 - z_4 - z_7}{6\Delta x}$$

$$e = \frac{\mathrm{d}z}{\mathrm{d}y} = \frac{z_1 + z_2 + z_3 - z_7 - z_8 - z_9}{6\Delta x}$$

$$f = \frac{2(z_2 + z_4 + z_6 + z_8) - (z_1 + z_3 + z_7 + z_9) + 5z_5}{9}$$

利用上述公式可以计算出平均曲率 $K_\mathrm{m}$，极大曲率（即最大曲率）$K_\mathrm{max}$，极小曲率（即最小曲率）$K_\mathrm{min}$：

$$K_\mathrm{m} = \frac{a(1 + e^2) + b(1 + d^2) - cde}{(1 + d^2 + e^2)^{\frac{3}{2}}} \tag{4-16}$$

$$K_\mathrm{g} = \frac{4ab - c^2}{(1 + d^2 + c^2)^2} \tag{4-17}$$

$$K_\mathrm{max} = K_\mathrm{m} + \sqrt{K_\mathrm{m}^2 - K_\mathrm{g}} \tag{4-18}$$

$$K_\mathrm{min} = K_\mathrm{m} - \sqrt{K_\mathrm{m}^2 - K_\mathrm{g}} \tag{4-19}$$

最后可求得层面上任一点的曲率 $K_i$：

$$K_i = K_\mathrm{max}\cos^2\delta + K_\mathrm{min}\sin^2\delta \tag{4-20}$$

式中，$\delta$ 是任一正交曲率 $K_i$ 所在平面与最大曲率 $K_\mathrm{max}$ 所在平面之间的夹角。

在采用趋势面拟合法计算时，首先对构造图进行网格化，对构造面顶界进行构造趋势面拟合，当拟合度达到 85% 以上时，求得趋势面方程：

$$f(x, y) = A_x^3 + B_y^3 + C_{xy}^3 + D_{xy}^2 + E_{xy} + F_x^2 + G_y^2 + H_x + I_y + J \tag{4-21}$$

由上述构造面趋势方程按下述方法计算主曲率值：

$$\frac{1}{R_{1,2}} = \left(\frac{1}{r_x} + \frac{1}{r_y}\right) \pm \sqrt{\frac{1}{4}\left(\frac{1}{r_x} - \frac{1}{r_y}\right)^2 + \frac{1}{r_{xy}}} \tag{4-22}$$

式中，$\frac{1}{r_x} = \frac{\partial^2 f(x,y)}{\partial x^2}$，$\frac{1}{r_y} = \frac{\partial^2 f(x,y)}{\partial y^2}$，$\frac{1}{r_{xy}} = \frac{\partial^2 f(x,y)}{\partial x \partial y}$。

根据计算结果，将平面上某点处的最大主曲率值进行作图，得到曲率分布图，然后进行裂缝评价。在进行裂缝发育区判断时，应结合实验数据计算出研究区的临界曲率大小。

### 4.2.3 曲率技术应用实践

构造层面的曲率值反映岩层弯曲程度的大小，因此岩层弯曲面的曲率值分布可以用于评价因构造弯曲作用而产生的纵张裂缝的发育情况。计算岩层弯曲程度的方法很多，如采用主曲率法。根据计算结果，将平面上每点处的最大主曲率值进行作图，得到曲率分布图，并进行裂缝分布评价。一般来讲，如果地层因受力变形越严重，其破裂程度可能越大，曲率值也应越高。由于曲率属性的检测尺度较小，对地层褶皱的敏感度比较高，可能受到噪音的影响，因此运用曲率体属性进行计算前，也同样可以做滤波去噪等预处理工作，其结果成像效果可能更好，对断层或裂缝的刻画更加清晰。

通过计算焦石坝地区的最大曲率数据体，利用龙马溪—五峰组层位数据提取其沿层曲率属性，得到相关的最大曲率沿层平面数据（图4-6）。从图中可见曲率值大于0.12时（灰白—黑色）裂缝发育规模较为可观，在构造主体上中等规模—微型裂缝相对发育，呈线状或斑块状展布，裂缝呈网状或交叉状，在大型断裂附伏近则裂缝呈大规模展布（淡黑—黑色）且裂缝发育强度较大，预测结果也为后续的开发井资料证实。

图4-6 焦石坝地区龙马溪—五峰组页岩段最大曲率平面图

## 4.3 蚂蚁追踪技术

斯伦贝谢公司在 Petrel 软件中推出了基于蚂蚁算法的蚂蚁追踪（ant tracking）技术，可以很好地表现断层裂缝系统的空间分布。蚂蚁算法是由 Dorig 等提出的随机优化算法，该算法具有分布式计算、易于与其他方法相结合、鲁棒性强等优点，在动态环境下也能表现出高度的灵活性和健壮性，目前已逐渐推广延伸至连续优化等领域。

自然界中的蚁群在觅食过程中会留下一种称为信息素的分泌物质，靠着留下的这些信息素蚂蚁能够找到从蚁巢到食物的最短路径，即使二者之间存在障碍物，也能以最短的路径绕过。蚂蚁算法根据蚂蚁的集群觅食活动规律，建立利用群体智能进行优化搜索的模型。该算法模拟自然界中蚂蚁的觅食行为而产生，主要通过称为人工蚂蚁的智能群体之间的信息传递来达到寻优的目的，其原理是一种正反馈机制，即蚂蚁总是偏向于选择信息素浓的路径，通过信息量的不断更新最终收敛于最优路径上。

基于蚂蚁算法的断裂系统自动分析、识别，即蚂蚁追踪技术的基本原理如下：假如在地震数据体中播散大量的蚂蚁，那么在地震振幅属性体中发现满足预设断裂条件的断裂痕迹的蚂蚁将"释放"某种信号，召集其他区域的蚂蚁集中在该断裂处对其进行追踪，直到完成该断裂的追踪和识别，而其他不满足断裂条件的断裂痕迹将不进行标注。Petrel 软件的 Ant tracing 算法创立了一种新的断层属性，该算法首先根据实际地震资料进行合理的参数设置，使之突出具有断面特征的响应，然后运算并形成一个低噪音、具有清晰断裂痕迹的蚂蚁属性体。蚂蚁追踪技术是图像处理技术在三维地震资料处理中的延伸，包括图像边缘锐化、反射段连续性增强和边缘追踪等技术（图4-7）。

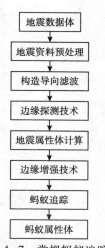

图4-7 常规蚂蚁追踪技术流程示意图

图4-8 为按照目标处理流程对焦石坝海相页岩气段进行"蚂蚁追踪"得到的裂缝预测结果。从平面图上可以看出，在 jy1 井和 jy3 井的蚂蚁追踪成果平面上，裂缝发育方向总体上呈杂乱状［黑色线状为预测裂缝（简称裂缝线），白色为裂缝不发育部位］，具有主要裂缝方向不易确定的特征——推测该区域可能受到多期多方向的应力作用，裂缝密度推测较大（裂缝线相

对密集）；jy4 井区的裂缝发育方向主要为北东向——推测该区域可能受到单一应
力作用，裂缝密度也相对较小（裂缝线相对稀疏）；断裂附近的裂缝发育相对密
集且强度较大（裂缝线相对密集）。其次，该研究区的微裂缝在平面展布上也具
有较为密集的特点——主要受到区域构造应力的作用而产生，这样利于进行后期
开发过程中水平段的水力压裂。总的来说，"蚂蚁追踪"属性体切片能反映出研
究区裂缝（或构造应力）的发育规律，基本上符合研究区的裂缝发育情况。

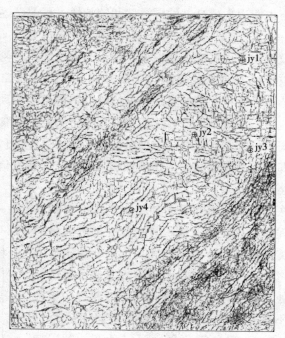

图 4-8　焦石坝龙马溪组优质页岩段的蚂蚁追踪成果平面图

## 4.4　方位地震 P 波属性裂缝预测

方位地震 P 波属性裂缝预测又称为纵波方位各向异性裂缝检测。如果岩石介
质中的各向异性是由一组定向垂直的裂缝引起的，根据地震波的传播理论，当 P
波在各向异性介质中平行或垂直裂缝方向传播时具有不同的旅行速度，从而导致
P 波地震属性随方位角的变化，分析这些方位地震属性的变化（如振幅随方位角
变化、振幅随炮检距和方位角变化、速度随方位角变化、传播时间随方位角变
化、频率随方位角变化、波阻抗随方位角变化等），可以预测裂缝发育带的分布

以及裂缝（特别是垂直缝或高角度缝）发育的走向与密度。较基于常规叠后地震资料的裂缝检测精度更高，其检测结果与裂缝发育带的微观特征有更加密切的关系。目前方位地震P波属性裂缝预测方法主要有：①AVA分析法；②VVA分析法；③IPVA分析法；④FVA分析法；⑤AVAZ（方位AVO）分析法。

### 4.4.1　AVA（方位AVO）分析法

方位AVO又称AVA。AVA（Amplitude Variation with Azimuth）或RVA（Refleetion amplitude Variation with Azimuth）是指反射振幅随方位角变化的地震属性。如果岩石介质中的各向异性是由一组定向垂直的裂缝引起，那么，根据地震波的传播理论，当P波在各向异性介质中平行或垂直于裂缝方向传播时

具有不同的旅行速度，从而导致P波振幅相应的变化。AVA法裂缝预测是利用方位地震数据来研究P波振幅随方位角的周期变化，估算裂缝的方位和密度。反射P波通过裂缝介质时，对于固定炮检距，P波反射振幅相应$R$与炮检方向和裂缝走向之间的夹角$\theta$有如下关系：

$$R（\theta）= A + B\cos2\theta \tag{4-23}$$

式中，$A$为与炮检距有关的偏置因子，$B$为与炮检距和裂缝特征相关的调制因子，$\theta = \phi - \alpha$为炮检方向和裂缝走向的夹角，$\phi$为裂缝走向与北方向的夹角，$\alpha$为炮检方向与北方向的夹角（图4-9）。

仿照简谐震荡特征，式（4-23）中$A$可以看成均匀介质下的反射强度，反映了岩性变化引起的振幅变化；$B$可以看成定偏移距下随方位而变的振幅调制因子，其大小决定了储层裂缝的发育程度。当$B$值大，$A$值小时，裂缝发育好，当$B$值小，$A$值大时，裂缝不发育，因此$B/A$是裂缝发育密度的函数。这种关系可近似用以椭圆状图形来表示（图4-10）。当炮检方向平行于裂缝走向时（$\theta = 0°$），振幅（$R = A + B$）最大；当炮检方向垂直于裂缝走向时（$\theta = 90°$），振幅（$R = A - B$）最小。理论上只要知道三个方位或三个以上方位的反射振幅数据就可利用上式求解$A$、裂缝方位角$\theta$及与裂缝密度相关的$B$；从而得到储层任一点的裂缝发育方位和密度情况。

图4-11是振幅随入射方位角变化曲线，从图中可看出当入射方位角为0°时，反射振幅最大，当入射方位角为90°时，反射振幅最小。某一特定入射方位角的地震反射振幅可由上式近似计算得到，通常地震射线的入射角越大则方位角对地震反射振幅的影响相对较大，振幅差异明显（图4-12）。通常认为裂缝方位角$\theta$为稳定的，$A$、$B$值很高的地方被认为是具有经济价值的裂缝带。

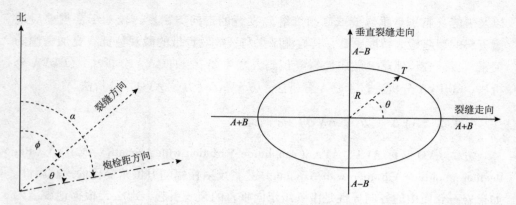

图 4-9　方向夹角关系示意图　　　　图 4-10　地震反射振幅随方位角变化示意图

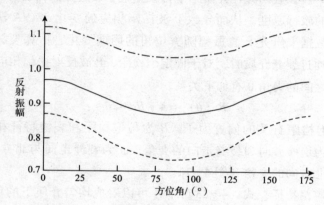

图 4-11　地震反射振幅随入射方位角变化示意图

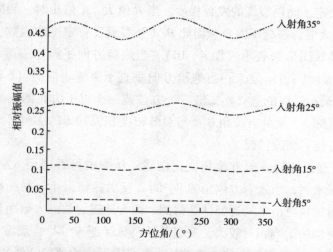

图 4-12　某裂缝模型的地震反射振幅随入射角、方位角变化示意图

在三维地震资料保真、保幅和地表一致性处理的基础上，对动校正三维 CMP 面元道集地震数据体，进行 P 波方位各向异性（AVA）属性处理，其主要处理步骤如下：①扩大面元（又称宏面元组合）；②对道集内的地震道进行方位角定义；③方位角道集选排（按一定角度大小进行方位角划分，形成方位角道集）；④方位角道集叠加处理（对方位角道集内的地震道进行叠加或部分叠加，形成多个三维方位角叠加数据体）和方位偏移处理；⑤储层标定和层位拾取；⑥AVA 处理（对目的层提取 AVA 属性）。在上述处理的基础上再对目的层的 AVA 属性进行分析和沿层裂缝方位（$\phi$）、裂缝强（密）度（$B/A$）计算以及裂缝预测。

关于沿层裂缝方位（$\theta$）和裂缝强（密）度和（$B/A$）计算有以下几种方法：

（1）通过公式（4-23）做椭圆拟合，求出背景趋势 $A$ 和各向异性因子 $B$；利用最大振幅包络方位和对应 $\theta$；求出裂缝发育优势方向；利用 $B/A$ 求解相对各向异性因子，对应裂缝发育的相对密度和幅度。

（2）使用三个方位叠后数据，利用式（4-23）计算裂缝方向 $\phi$。已知 $\phi$，再用式（4-23）求取 $A$、$B$、$\theta$，计算出沿层裂缝方位和裂缝强（密）度（$B/A$）。

如果在每一个 CMP 道集中，对于每一个固定的偏移距有来自 3 个方位角（$\phi$、$\phi+\alpha$、$\phi+\beta$）入射的数据（$R_\phi$、$R_{\phi+\alpha}$、$R_{\phi+\beta}$），裂缝方位角的计算可变成一个定解问题，可利用下式计算：

$$\phi = n\pi + \frac{1}{2}\arctan\left[\frac{(R_\phi - R_{\phi+\beta})\ \sin^2\alpha - (R_\phi - R_{\phi+\alpha})\ \sin^2\beta}{(R_\phi - R_{\phi+\alpha})\ \sin\beta\cos\beta - (R_\phi - R_{\phi+\alpha})\ \sin\alpha\cos\alpha}\right]$$

$$(4-24)$$

式中，$n = 0$，$1$，$2$，……。使用每个 CMP 点的三方位叠加数据，式（4-24）给出了裂缝方向的唯一解。

（3）对于叠前地震资料，可以对每个偏移距都使用式（4-24），求得所有偏移距的裂缝走向，再加权平均，即得到总裂缝走向。

（4）对于三维宽方位角地震资料，在给定的每个 CMP 道集有多个入射方位角地震反射数据时，裂缝发育方向和密度的确定变成一个超定问题。计算方法有两种：LS 法（最小平方拟合法）和 MES（多重确定解法）。

对于超定方程可采用对 CMP 振幅包络的方位角道集做最小平方误差拟合，使目标函数 $F$ 最小化。如式（4-25）

$$F = \sum_{i=1}^{n}\left[A + B\cos 2(\alpha_i - \phi) - R_i\right]^2 \to \min \qquad (4-25)$$

得到 $A$、$B$、$\phi$ 及 $B/A$，$\phi$ 是裂缝方位角，$B/A$ 是对应裂缝方位角裂缝发育的相对似然性指示，或称为裂缝的相对密度和幅度。

### 4.4.2  VVA 分析法

VVA（Velocity Variation with Azimuth）是指速度随方位角变化的地震属性。当 P 波在各向异性介质中平行或垂直于裂缝方向传播时具有不同的旅行速度。VVA 法裂缝预测是利用方位地震数据来研究 P 波速度随方位角的周期变化，估算裂缝的方位和密度。反射 P 波通过裂缝介质时，在固定炮检距的情况下，层速度（$V$）随方位角的变化可简化表达为

$$V(\alpha) = A + B\cos[2(\phi - \alpha)] \tag{4-26}$$

式中，$A$ 为速度的偏置因子（即地层基质速度）；$B$ 为速度的调制因子（即速度随角度变化量，是裂缝发育密度的函数）；$\phi$ 为裂缝方位角；$\alpha$ 为测线方位角。式（4-26）同样也可近似用一个椭圆状图形（图 4-13）来表示。式中的 $A$、$B$ 和 $\phi$ 可用与 AVA 中相同的计算方法求得。

层速度由旅行时计算而得，不会受到振幅误差的影响。使用非双曲时距曲线及广义 Dix 公式对裂缝性地层的层速度进行分析，可以提高计算的精度。Craft（1997）指出，对于不同方位角的测线，采用双曲时差独立进行速度分析，可得到叠加速度（NMO 速度），并可求取均方根速度，再利用 Dix 公式计算出目的层不同方位的层速度，高精度的层速度还可以通过地震反演得到。

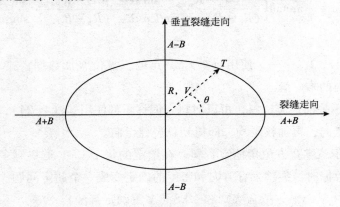

图 4-13  速度随方位角变化示意图

### 4.4.3  IPVA 分析法

在各向异性介质中，速度是方位角的余弦函数，波阻抗 $IP$ 也必然是方位角的余弦函数，即：

$$IP = A_{IP} + B_{IP}\cos2\theta \qquad (4-27)$$

方位波阻抗（$IP$）可以通过方位速度和方位振幅反演求取。如果有三个或三个以上的方位角波阻抗数据，便可仿照式（4-24）或式（4-25）求解 $A_{IP}$、$B_{IP}$ 和 $\theta$，而超定问题又可看作是许多正定问题的集合。对求出的许多确切解进行拟合得到 $A$、$B$ 及 $\theta$ 的唯一解，就可得到任一点高分辨率裂缝发育的方位和密度属性。

### 4.4.4　FVA 分析法

FVA（Frequency Variation with Azimuth）是指频率随方位角变化的地震属性。当 P 波在具有垂直裂缝各向异性介质中平行或垂直于裂缝方向传播时会因地震波频率变化。FVA 法裂缝预测是利用方位地震数据来研究 P 波频率随方位角的周期变化，估算裂缝的方位和密度。

### 4.4.5　AVAA 分析法

AVAA（Amplitude Variation with Angle and Azimuth）是地震反射振幅随入射角和方位角变化的地震属性，又称方位 AVO 属性。地震波在各向异性介质中转播时会发生 AVO 属性随方位角的变化，AVAA（AVOA）法裂缝预测是利用方位地震数据来研究 P 波 AVO 随方位角的周期变化，来检测裂缝（特别是垂直缝或高角度缝）发育的方位和密度。

通过对不同方位角裂缝储层 AVO 模型研究表明：当地震波传播方向与裂缝走向的夹角逐渐增大时，反射系数随入射角的增大而减小；含水平裂缝地层的 AVO 截距逐渐减小，斜率逐渐增大；垂直裂缝地层的 AVO 截距逐渐增大，斜率逐渐减小。

### 4.4.6　页岩储层裂缝预测

1）页岩方位 P 波属性裂缝预测技术路线

通过岩石物理模型模拟正演研究页岩裂缝储层的地震各向异性响应特征，确定可用于解决研究区页岩段裂缝的地震属性；提取与方位角和入射角有关的地震属性参数，进行裂缝的定向和密度分布描述；最后结合钻井、测井资料和沉积发育史、构造演化史研究成果，在单井分析的裂缝特征的约束下，优选合适的 P 波属性进行 P 波属性各向异性裂缝检测。具体技术路线：

（1）对三维叠前 CMP 地震道集数据进行保幅处理，进行分方角叠加、偏移处理，得到 5 个中心方位角数据体并进行道集数据重构。

（2）在构造约束基础之上，通过钻井、岩心、测井、储层岩性的空间变化分析、岩心裂缝的空间定向、裂缝的宽度和长度（岩心和 FMI、FMS）、胶结物充填、含油气性和裂缝发育密度等特征和性质的研究，建立裂缝储层地质模型和岩石物理模型，用地震波模拟技术，模拟裂缝储层地震波的各向异性的地震响应，确定可用于解决目标区页岩裂缝的地震属性。

（3）在正演模拟的指导下，分析裂缝引起的地震属性（振幅、频率、瞬时参数等）随偏移距和方位角的变化特征；

（4）在单井分析的约束下优选合适的 P 波属性进行各向异性计算，确定裂缝的发育和空间分布特征。

2）页岩方位 P 波属性裂缝预测步骤

（1）地震资料分析。

P 波属性各向异性裂缝地震检测对地震数据要求较高，要求输入地震数据为宽方位采集，具有保幅、保真、宽频带的特点。但现阶段的地震采集往往受到费用、仪器等因素制约，基本上都是窄方位的地震数据。

焦石坝地区地震野外采集采用 24 线 216 道中间放炮观测系统，满覆盖次数为 144 次（纵向满覆盖 12 次，横向满覆盖 12 次），面元 20m×20m，工区横纵比为 0.66，最小偏移距为 20m，最大偏移距达 5164m，全方位角覆盖的偏移距范围达到了 0~2750m（图 4-14）。该区地震资料品质较好，信噪比和分辨率较高，主要目的层段频率在 27Hz 左右，纵向分辨率在 40~50m 左右。主要反射层波形特征稳定，连续性好，成像较好，对于裂缝储层分析来说，工区内该地震数据方位角和覆盖次数分布均匀，比较适合进行以裂缝储层检测为主的各向异性分析工作。同时该区块地震数据偏移距分布范围大，可以较好的选择合理的偏移距和方位角来提取角道集数据体和方位角数据体。

（2）道集数据处理与效果分析。

在实际利用方位 P 波属性进行裂缝预测时，需要至少 5 个不同的方位角数据来分析地下某一点的各向异性特征，同时，依据各向异性理论探测高角度裂缝带，在利用全方位覆盖的近一中等偏移距的纵波地震数据时，要尽可能减少由地震数据方位覆盖的不均匀而带来的地震数据的偏差。因此，在实际处理中，获得叠前 NMO 道集（动校正道集）后，首先根据偏移距与方位角交会分析的结果，确定合理的偏移距范围，提取多个方位角道集、入射角道集或偏移距道集数据，然后分别进行叠加和偏移处理。最后将偏移后的各方位角、偏移距和入射角数据体分别合并、数据重构，得到具有叠前性质的方位角数据体，用于后续的 P 波属性分析及裂缝预测分析等研究工作。

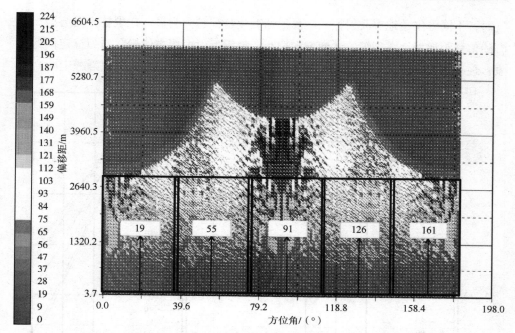

图 4-14　焦石地区地震道集数据的方位角、叠加次数、炮检距三者关系示意图

　　考虑到方位角分布的均匀性，我们本次选取的方位角范围分别为 0°~38°、35°~75°、72°~110°、107°~145°、142°~180°，得到中心方位角为 19°、55°、91°、126°、161°共 5 个方位角数据体（由于方位角的对称性，180°~360°的方位角都统一到 0°~180°之间，定义正北方向为方位角 0°）。考虑该数据方位角的分布，在 2750m 以上的偏移距数据在方位角分布上相对较窄，而在 2750m 以下的偏移距中，方位角的分布在 0°~180°之间则相对比较均匀。因此，为了分析的可对比性，所有的方位角的偏移距均统一在 10~2750m 之间，提取方位角数据，之后进行叠加偏移处理。

　　（3）方位 P 波各向异性正演。

　　方位 P 波各向异性正演模拟时，首先建立裂缝储层的岩石物理模型，模型数据主要依据 jy1 井的声波（AC）测井曲线，页岩储层段深度范围取 2326~2415m，考虑到页岩脆性矿物含量（石英为主）较高，将 $V_P/V_S$ 比值取为 1.7，裂缝体密度分别为 5%、15%、25%，并充填气体。

　　图 4-15 中为 jy1 井页岩裂缝随方位角和偏移距变化的地震反射振幅正演模拟结果。设定模型中页岩储层中的裂缝走向（裂缝方向）为 90°（正北方位），那么裂缝的法向方向就为 0°（正东方位）。正演模拟结果表明，当页岩储层中裂缝饱含

气时，不同方位角地震反射振幅随反射角变化特征较为明显。在裂缝走向方向，振幅随偏移距递减比在裂缝的法向方向要小，地震反射振幅方位椭圆与裂缝定向的关系：最小振幅方向近似地代表裂缝法向，而最大振幅方向近似地代表裂缝走向。

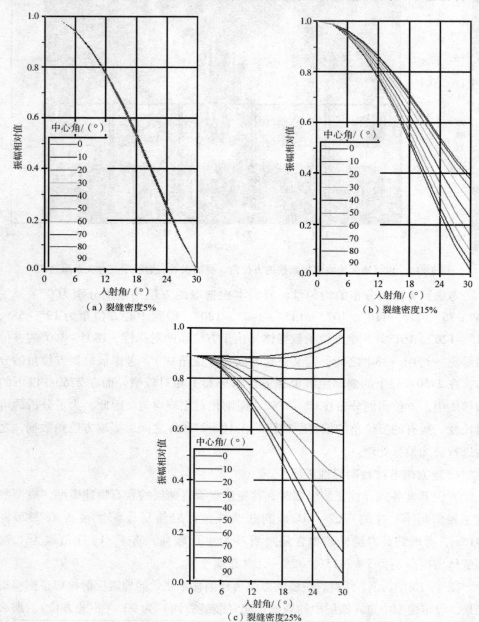

（a）裂缝密度5%

（b）裂缝密度15%

（c）裂缝密度25%

图4-15  jy1井不同岩石裂缝密度时P波各向异性正演示意图

从 jy1 井页岩裂缝正演模拟结果得出：①页岩含气裂缝模型的不同方位角的振幅随入射角变化曲线分离性程度适中，说明裂缝型页岩储层存在一定的地震方位各向异性；②不同方位角下的振幅曲线都呈现随入射角增加而振幅能量变化较明显，均呈现出振幅减弱的趋势。这表明在页岩裂缝中充填气体的情况下，存在典型 AVO 效应。

（4）页岩裂缝检测实践。

裂缝的形成受控于地质和岩石的力学特征，这些影响因素包括岩性，构造和应力场的分布。各种不同类型的地震属性反映了储层某一方面的物理特征，对裂缝的分析，需要综合考虑储层参数的多方面信息，诸如储层的岩性、构造、与裂缝形成有关的地震属性、地质因素和力学特征等，才能对裂缝进行准确描述。

通常，岩石中裂缝的密度、宽度和所含流体的成分都是影响地震各向异性的因素。地震各向异性的幅度随着裂缝密度的增加而增加，不同流体对地震各向异性的响应也有不同的影响。

从过井地震剖面上来看（图 4-16），龙马溪—五峰组页岩储层呈大面积展布，整体上厚度较为均匀，联井剖面上的最底下的层位与其上一个层位之间即为页岩储层段，可见其分布较为稳定。但从该图的反射波形上很难确定裂缝发育区域。所以，本次研究使用方位 P 波频率类属性实施页岩段的裂缝预测。

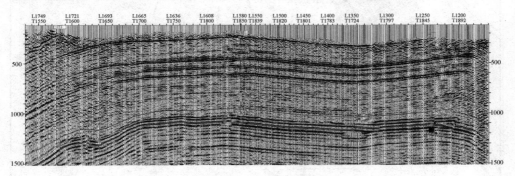

图 4-16　焦石坝地区连井相关海相页岩层位地震剖面解释示意图

通过对焦石坝地区的龙马溪—五峰组页岩段裂缝发育带进行 P 波频率类属性（FVA）的各向异性强度检测分析得知，中、小型裂缝发育带主要分布在构造部位，主体构造部位总体上该规模级别的裂缝相对发育，而更大规模的宏观裂缝则发育在断层附近，位于该构造两翼（西北及东部方向），基本上认为是由大断裂（图中的灰黑、黑色线所夹持部位）所引起的。图 4-17 中构造主体部位上的灰黑、淡黑色区域是中、小型宏观裂缝发育密集部位并且各向异性强度较高（裂缝因子值大于 1.24)，该区域的裂缝连通性相对较好；灰白色—淡灰色区域的中、小型微观裂缝发育强度稍弱，各向异性强度为中等偏下（裂缝因子值介于 1.02 ~ 1.24)，区域上裂缝连通性也较好；而白色区域的裂缝发育最弱（裂缝因子值小于 1.02)，推测该区域可能发育孤立、区域上连通性差的微观裂缝，所以焦石坝区域上的灰白色—淡黑色区域（裂缝因子值大于 1.02）是该区页岩气勘探的有利区域。从过井的裂缝因子剖面上来看（图 4–18)，jy1、jy1HF–1 井在优质页岩段中钻遇裂缝密度相对较大值区域，这也为井资料所证实（图 4–19)，该水平井经压裂后获得高产工业气流，从而取得焦石坝地区的海相页岩气勘探突破。

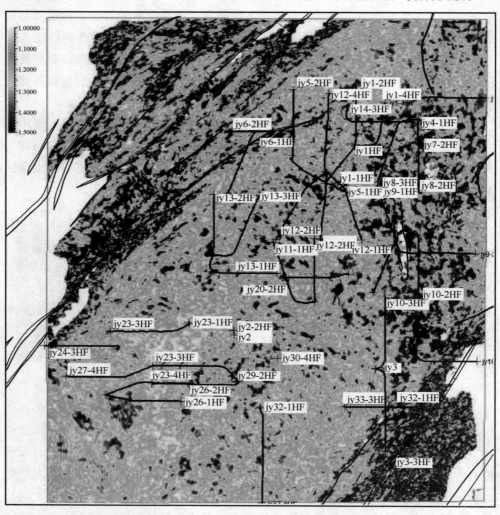

图 4–17　焦石坝地区构造主体龙马溪—五峰组页岩段裂缝因子平面图

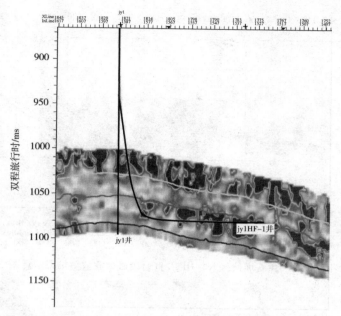

图4-18  过 jy1 井及 jy1HF-1 井的龙马溪—五峰组页岩段裂缝因子剖面图

对该区的 jy4-HF 水平井进行压裂及微地震监测数据采集分析得知（图4-20），该井的水平段压裂效果最好的层段在靶点 A 开始到水平段中部的层段，这主要是该层段的裂缝相对发育，在水力压裂的作用下裂缝易于张开。该层段在裂缝因子平面图上的裂缝预测颜色呈淡灰—灰黑色，裂缝因子值处于 1.11~1.396 之间，裂缝相对发育；而压裂效果不好的层段所对应的平面图上的位置是白色—淡白色区域，预测裂缝密度不发育，该区域的裂缝因子值低于1.03，该层段局部上压裂效果好的位置与裂缝因子值大的位置对应较好（图4-21）。对研究区内的水平井产气量进行分析，发现水平井页岩气的产能与裂缝因子具有正比例的关系（表4-2），所以，寻找裂缝因子大值区具有较好的页岩气勘探意义。

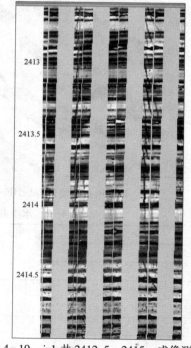

图4-19  jy1 井 2412.5~2415m 成像测井特征（水平层理及高陡微裂缝发育）

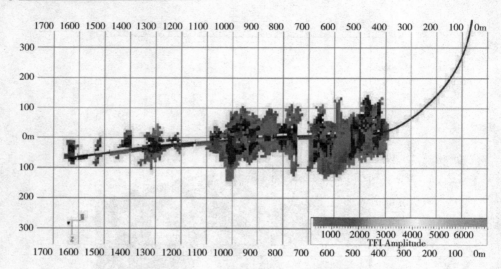

图4-20　焦石坝地区 jy4-HF 井页岩段微地震监测结果示意图

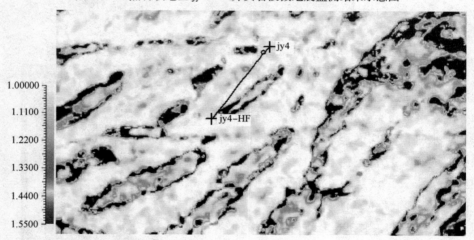

图4-21　焦石坝地区 jy4-HF 井区龙马溪—五峰组页岩段裂缝密度平面图

表4-2　水平井测试产能与裂缝因子关系表

| 井号 | 水平井测试产能/（$10^4 \, m^3$/d） | 裂缝因子 |
| --- | --- | --- |
| A | 33.5 | 1.148 |
| B | 37.49 | 1.158 |
| C | 45.28 | 1.161 |
| D | 43.32 | 1.165 |
| E | 31.77 | 1.132 |
| F | 28.19 | 1.061 |
| G | 30.09 | 1.137 |

## 4.4.7　几点思考

方位 P 波各向异性检测裂缝技术对地震数据的要求是很高的，大多数叠前地震反演技术对道集的信噪比及分辨率均具有相关的要求。但现实的地震道集资料是难以满足叠前地震反演的要求，如方位 P 波各向异性检测技术要求地震数据是宽方位道集数据，但现在的地震数据仅仅是为了满足构造解释的需要，大多数地震数据采集的是窄方位的地震数据，与方位 P 波各向异性检测技术的要求有差距。实际利用相关的商业软件操作中，有的技术方法为了保证 P 波各向异性的检测不得不对道集进行限制偏移距，这就造成道集对地层中裂缝响应的敏感性降低，各个方位角的振幅差异相对较小（如本例所使用的方位角划分方案）；也有的技术方案是采用大的偏移距（大入射角），但对道集中最大偏移距与基本偏移距之比有一定的限制（该比值一般小于 1.8），也是限定偏移距范围后对各个方位角道集数据实施叠加、偏移处理，并用于各向异性分析（图 4-22）。一般情况下，鉴于较大入射角的地震反射波才能得到由于裂缝造成的振幅、频率、走时等差异信息，而小入射角的地震反射波则对这些差异信息相对不敏感，并且容易引入噪音，使得检测结果的多解性增加。所以，在实际操作中利用该技术方法预测裂缝时要注意，务必使 P 波各向异性预测结果与其他裂缝预测技术、测井等相关成果的吻合性较好，达到需要的地质效果。如对四川盆地龙马溪—五峰组页岩储层的裂缝预测效果来看，P 波各向异性预测裂缝的效果优于相干体技术（图 4-21、图 4-23）。从图 4-21 及图 4-23 来看，推测的潮道体的边缘裂缝相对发育，两者都有响应，相干数据体表现出低相干值异常，而 P 波各向异性数据体则表现出裂缝因子高值异常；其次，有些小的区域的 P 波各向异性的裂缝因子相对较强，而相干数据则反应不出来，如 jy4-HF 水平井段的区域，裂缝预测结果也为后续的钻井资料所证实。所以可以这样认为，基于叠前道集处理的 P 波各向异性技术对微型裂缝的探测优于基于叠后地震资料的相干体技术。

另外，限制偏移距造成的后果是每个分方位角后道集数据的叠加次数呈现降低状态，导致叠加、偏移后的道集数据的信噪比及分辨率明显降低，这将影响 P 波各向异性对裂缝的检测能力。所以，在地震采集中要注意小偏移距的覆盖次数，使其分方位角后的各个道集也保有足够的叠加次数，以利于 P 波各向异性对裂缝的检测。

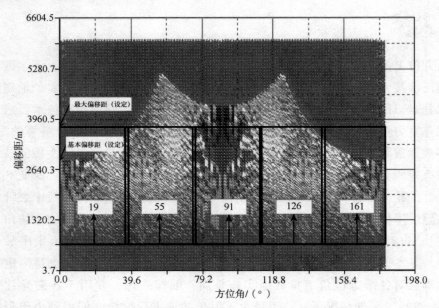

图 4-22　另一方位角划分技术方案中方位角、叠加次数、炮检距三者关系示意图

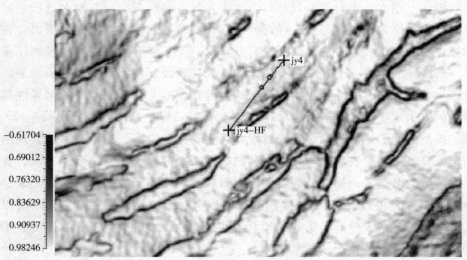

图 4-23　焦石坝地区相干数据体沿层切片示意图（焦石坝 jy4 井区）

## 4.5　构造应力场模拟

在地壳中或地球体内，应力状态随空间点的变化，称为地应力场，或构造应力场。地应力场一般随时间变化，但在一定地质阶段相对比较稳定。研究地应力

场，就是研究地应力分布的规律性，确定地壳上某一点或某一地区，在特定地质时代和条件下，受力作用所引起的应力方向、性质、大小以及发展演化等特征。随着地质演化，一个地区常常经受多次不同方式的地壳运动，导致同一地区内，呈现出受不同时期不同形式地应力场作用所形成的各种构造及其叠加或改造的复杂景观。因此，只有最近一期地质构造，未经破坏或改造，才能确切地反映这个时期的地应力场。

地应力场的特点与演化，对含油气盆地内油气藏、油气田、油气聚集带的形成、类型及分布具有重要的控制作用。地应力是油气运移、聚集的动力之一；地应力作用形成的储层裂缝、断层及构造是油气运移、聚集的通道和场所之一。通过地层应力场分析，可以预测构造成因的裂缝在研究区域的发育和分布规律。

地壳岩体的变形和裂缝系统的形成常常受到构造运动及其作用强度的影响，裂隙的产生同构造应力场分布密切相关。构造应力场数值模拟技术是数学力学手段的一种模拟方法，利用这种模拟技术，计算了研究区内主应力和剪切应力的分布，预测出研究区内裂隙发育带的宏观平面分布。

数值模拟技术是对储层构造裂缝进行定量预测及确定构造缝缝空间分布的一种有效方法。李辉等（2006）介绍了用于裂缝预测的数值模拟包括：构造应力场数值模拟、变形数值模拟和岩层曲率数值模拟。

构造应力场数值模拟是在建立地质模型的基础上，用有限元法计算各点的最大主应力、最小主应力和最大剪应力、岩石的破裂率、裂缝密度、应变能、剩余强度等裂缝预测参数，并计算各点的主应力方向和剪应力方向，然后根据岩石的破裂准则来预测裂缝发育带和延伸方向，或者根据应变能计算裂缝发育程度。也可以将破裂率和应变能结合起来，用二元拟合的关系来标定裂缝密度。

变形数值模拟包括有限变形数值模拟和应变数值模拟。前者用分解的方法把物体变形过程中的应变和转动分离开来，用平均整旋角的平面变化表示构造裂缝的发育程度和延伸方向。后者在计算主应变和剪应变的基础上，根据应变与破裂的关系预测裂缝的发育程度和延伸方向。

岩层受力变形，在弯曲部位会产生张裂缝，其曲率值与裂缝发育程度存在密切的相关性。用岩层曲率数值模拟法可计算裂缝岩石的孔隙度。

## 4.5.1 构造部位和构造应力

储集层构造裂缝发育的程度，除了与所受构造应力有关外，还与岩性、厚度以及所处的构造位置有关。在某一地质历史时期，某一有限范围内所受的区域构造应力基本是统一的，但因不同构造部位、岩性及其结构上的差异（主要表现在岩石弹性模量、泊松比、抗张强度和抗剪强度等岩石参数的不同）或者各向异性，必然造成不同部位局部构造应力场不同（包括主应力方位与大小差异），从而造成构造裂缝发育程度的不均一性。因此可以说构造应力场、构造位置是储层构造裂缝形成的外因。而储集层岩性、岩层厚度则是储层构造裂缝形成的内因。

　　裂缝的发育与构造部位及构造应力密切相关。主要体现在：①构造应力是几乎所有构造裂缝形成的力源之一，构造应力对裂缝形成的控制主要取决于岩层所受构造应力的大小，性质及受力次数；②构造应力对区域构造形迹的产生和改造作用也比较显著，构造产生的构造形迹（背斜、断层）也与裂缝的发育有关系。一般认为以下几个区域是裂缝较为发育的区域（图4-24）：①随着距离断层的距离增大，大裂缝、微裂缝数明显减少，也就是说断层附近为裂缝发育区域；②弯曲断层的外凸区是应力集中区，也是裂缝相对发育带；③多组断层交汇区和转换区也是会造成应力集中的区域，是裂缝相对发育带；④断层的末端区也是裂缝相对发育带。

## 4.5.2　应力场分析技术

　　针对背斜等张裂缝的储层构造，以弯曲薄板作为力学模型，利用地层的几何信息，计算出地层面的曲率张量，变形张量和应力场张量等地层的应力场参数，作为其进一步判断裂缝的参考依据。

　　弯曲薄板理论假设所研究的地层是均匀连续、各向同性、完全弹性的，并认为地层的形成是完全由构造应力所形成的。

　　设以薄板中面为 $z=0$ 的坐标面，规定按右手规则，以平行于大地坐标为 $X$、$Y$ 坐标，以向上为正。沿 $X$、$Y$ 正方向的位移分别为 $u_x$、$u_y$，沿 $Z$ 方向的位移为扰度 $w(x,y)$（图4-25）。

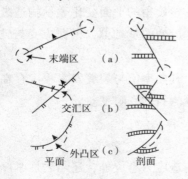

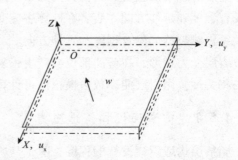

图4-24　断层效应类型示意图　　　　　图4-25　薄板模型示意图

1）基本公式

直角坐标系中的变形几何方程为：

$$\varepsilon_x = \frac{\partial u_x}{\partial x}, \varepsilon_y = \frac{\partial u_y}{\partial y}, \gamma_{xy} = \left(\frac{\partial u_x}{\partial y} + \frac{\partial u_y}{\partial x}\right), \varepsilon_z = \frac{\partial u_z}{\partial z}$$

$$\gamma_{xz} = \left(\frac{\partial u_x}{\partial z} + \frac{\partial u_z}{\partial x}\right), \gamma_{yz} = \left(\frac{\partial u_z}{\partial y} + \frac{\partial u_y}{\partial z}\right)$$

$$u_z = w \tag{4-28}$$

根据薄板理论有：

$$u_x = z\frac{\partial w}{\partial x}, u_y = z\frac{\partial w}{\partial y} \tag{4-29}$$

且有：

$$\varepsilon_x = z\frac{\partial^2 w}{\partial x^3}, \varepsilon_y = z\frac{\partial^2 w}{\partial y^2}, \gamma_{xy} = 2z\frac{\partial^2 w}{\partial x\partial y} \tag{4-30}$$

定义曲率变形分量：

$$\kappa_x = -\frac{\partial^2 w}{\partial x^2}, \kappa_y = -\frac{\partial^2 w}{\partial y^2}, \kappa_{xy} = -\frac{\partial^2 w}{\partial x\partial y} \tag{4-31}$$

因此，应变分量可写为：

$$\varepsilon_x = -z\kappa_x, \quad \varepsilon_y = -z\kappa_y, \quad \gamma_{xy} = -2z\kappa_{xy} \tag{4-32}$$

物理本构关系(广义虎克定律)可表示为：

$$\varepsilon_x = \frac{1}{E}[\sigma_x - \nu(\sigma_y + \sigma_z)], \qquad \gamma_{xy} = \frac{2(1+\nu)}{E}\tau_{xy}$$

$$\varepsilon_y = \frac{1}{E}[\sigma_y - \nu(\sigma_x + \sigma_z)], \qquad \gamma_{xz} = \frac{2(1+\nu)}{E}\tau_{xz}$$

$$\varepsilon_z = \frac{1}{E}[\sigma_z - \nu(\sigma_y + \sigma_x)], \qquad \gamma_{yz} = \frac{2(1+\nu)}{E}\tau_{yz} \tag{4-33}$$

其逆关系为：

$$\sigma_x = 2G\varepsilon_x + \lambda\theta, \qquad \tau_{xy} = G\gamma_{xy}$$

$$\sigma_y = 2G\varepsilon_y + \lambda\theta, \quad \tau_{yz} = G\gamma_{yz}$$

$$\sigma_z = 2G\varepsilon_z + \lambda\theta, \qquad \tau_{xz} = G\gamma_{xz}$$

$$\theta = \varepsilon_{kk} \tag{4-34}$$

$\lambda$，$G$ 为拉梅(Lame)常数，$G$ 也就是剪切模量(shear modulus)，$E$ 杨氏模量(Yong modulus)。$\theta$ 为体积应变。

将前面的式代入，得到：

$$\sigma_x = \frac{E}{1-\nu^2}(\varepsilon_x + v\varepsilon_y), \quad \sigma_y = \frac{E}{1-\nu^2}(\varepsilon_y + v\varepsilon_x), \quad \tau_{xy} = \frac{1}{G}\gamma_{xy} \quad (4-35)$$

因而有：

$$\sigma_x = -\frac{Ez}{1-\nu^2}(\kappa_x + v\kappa_y), \quad \sigma_y = -\frac{E}{1-\nu^2}(\kappa_y + v\kappa_x),$$

$$\tau_{xy} = -\frac{2}{G}\kappa_{xy} = -\frac{Ez}{(1+\nu)}\kappa_{xy} \quad (4-36)$$

将地层厚度 $t = 2z$ 代入上式，得到由曲率分量表示的地层面上的应力分量：

$$\sigma_x = -\frac{Et}{2(1-\nu^2)}(\kappa_x + v\kappa_y), \quad \sigma_y = -\frac{Et}{2(1-\nu^2)}(\kappa_y + v\kappa_x),$$

$$\tau_{xy} = -\frac{Et}{2(1+\nu)}\kappa_{xy} \quad (4-37)$$

由上式可知，当地层面向上凸时，曲率大于零，正好对应上凸地层面受拉张应力，张应力为正。为了与地质力学符号相符，这里采用压应力为正，张应力为负的符号约定。曲率小于零，表示地层上凸。

求出该点的沿坐标的应力后，就可求出其主应力及其方向：

$$\sigma_{max} = \frac{\sigma_x + \sigma_y}{2} + \sqrt{\left(\frac{\sigma_x - \sigma_y}{2}\right)^2 + \tau_{xy}^2},$$

$$\sigma_{min} = \frac{\sigma_x + \sigma_y}{2} - \sqrt{\left(\frac{\sigma_x - \sigma_y}{2}\right)^2 + \tau_{xy}^2} \quad (4-38)$$

$\sigma_{max}$ 与 $X$ 轴的夹角 $\alpha$，$\sigma_{min}$ 与 $X$ 轴的夹角 $\beta$：

$$t_g(\alpha) = \frac{\sigma_{max} - \sigma_x}{\tau_{xy}}, \quad t_g(\beta) = \frac{\tau_{xy}}{\sigma_{min} - \sigma_y} \quad (4-39)$$

因此，若能得到地层面的扰度方程或其面上点的曲率，就可以估算其上的应力场，进而计算由此应力产生的裂缝。

2）地层曲率的计算

（1）趋势面计算。

由前面理论可知，若能求出地层面的曲率分量，就可以求出其上的应力场。采用趋势面拟合方法拟合地层面的趋势函数，进而计算其上点的曲率分量。采用最小二乘法拟合趋势面。设趋势面的待定系数的函数为：

$$w(x, y) = a_0 + a_1 x + a_2 y + a_3 x^2 + a_4 xy + a_5 y^2 \quad (4-40)$$

由层面散点处的坐标值 $(x, y, z)$，建立最小二乘方程，对一个散点：

$$\varepsilon_i = z_i - w_i(x_i, y_i) \quad (4-41)$$

$$\frac{\partial \varepsilon_i^2}{\partial a_j} = 0 \quad j = 0, 1, 2, 3, 4, 5 \tag{4-42}$$

当用 $n$ 个散点拟合一个趋势面时，可得到拟合方程组，解此方程组，:

其中求和号表示 $\sum\limits_i^n$，即对 $1, \cdots, n$ 点求和。解此线性方程组，就可得到趋势面函数。

（2）趋势面的曲率计算式：

$$\kappa_x = -\frac{\partial^2 w}{\partial x^2} = -2a_3, \kappa_y = -\frac{\partial^2 w}{\partial y^2} = -2a_5, \kappa_{xy} = -\frac{\partial^2 w}{\partial x \partial y} = -a_4 \tag{4-43}$$

3）裂缝参数计算

（1）曲率参数。

由上述解方程组可得到拟合曲面系数 $a_3$、$a_4$、$a_5$，由式（4-35）及式（4-36）可得到该点处的曲率。

（2）应变和应力参数。

由式（4-28）~ 式（4-39）可得到应变值。其中，$z = \frac{t}{2}$。再由式（4-37）、式（4-38）、式（4-39）可分别计算出相应的应力，主应力和主应力方向。

### 4.5.3 应力场分析应用实践

根据以上技术原理，开展应力场数值模拟研究时常用的技术参数如下：①构造曲率：表示构造面梯度变化的快慢；②最大主应变：表示形变的大小；③张应变（＋）：与裂缝密度有关；④压应变（－）：表示地层压实变形；⑤最大主应力：表示最大主应力的大小；⑥压应力（＋）：平行裂缝方向；⑦张应力（－）：平行裂缝法向方向；⑧应力方向角：表示最大主应力方向，与张应变结合，可以表示裂缝的发育方向。

1）现今应力场分析

构造应力是影响裂缝发育的重要因素，构造活动是裂缝产生的直接原因，在构造演化过程中，构造变形在地层内部引起应力重新分布，从而相应出现各种不同的裂缝组系，这些裂缝组系为形成裂缝型油气藏提供了储集空间。目前通过用水系分布方向恢复晚第三纪以来的构造应力场，进而为用地貌学的方法来研究现今应力场的方向。

在地球表面，内、外营力是同时作用的，外营力是随机的，主要是由外力因素的随机性所决定，而内营力是系统的，由地球内部作用力决定的，那么像河谷、沟槽等地貌现象，其分布格局应是地球内、外营力的综合结果，因而许多地区的水系分布，都呈现某些规律性，即在分布上具有一定的（一个或多个）优势方向，这正是内营力作用的结果。水系格局从宏观上可定性看出某种规律性。为了精确地揭示水系格局形成的构造成因，则必须对河谷分布进行走向上的统计分析，以找出水系分布的优势方向，进而推知应力场方向。

自然界的河道形成原因复杂，对这些弯曲河道进行走向分布的统计存在着根本性的困难。通常处理办法是将河流的自山端或干、支流交汇处做为结点，然后将这些结点连成直线，曲线状的河流即变成折线，用折线来定义河谷走向并进行数量统计。

通过对焦石坝地区地表水系的统计其方向及长度（见图4-26），图中的淡灰色弯曲线是现今的水系，而图中的黑色直线（主要对河道趋势取直所得）是将其进行相应的处理后，再将其进行相关计算。通过计算得出该区现今最大主压应力方向为近东西向（图4-27），与该方向呈平行或小角度相交的裂缝易于压裂；而与该方向呈垂直或大角度相交的裂缝趋于压实，不宜对其实施压裂，故造成压裂效果可能不好，不利于页岩气的产出。图4-27中②、④方向为研究区内的水系主要走向及计算的贡献值，③为该区的最大主压应力方向（黑线），①为最大主张应力方向（黑线）。

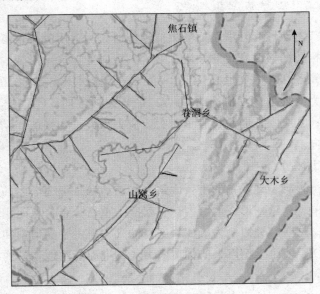

图4-26　焦石坝地区地表水流长度及方向统计示意图

2) 地下应力场分析

针对背斜等张裂缝的储层构造，从构造力学出发，利用地层的几何信息（构造面）、岩性信息（速度、密度）、岩石物理信息（泊松比、拉梅常数、剪切模量）等建立地质模型、力学模型和数学模型，运用三维有限差分数值模拟方法对地层的应力场进行模拟，研究构造、断层、地层岩性厚度、区域应力场等地质因素与构造裂缝分布的关系，计算地层面的曲率张量，变形张量和应力场张量，从而得到主曲率、主应变和主应力、主应力方向等参数来预测与构造有关的裂缝分布及发育程度。

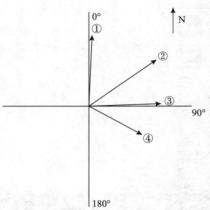

图4-27　焦石坝地区现今构造应力场方向计算示意图

焦石坝地区的应力场分析主要采用 jy1 井、jy2 井、jy3 井的声波测井资料进行速度反演，得到纵波速度体，再沿层提取其深度、速度值进行应力场分析，得到地下裂缝发育方向及强度。从构造应力场计算结果（图4-28）来看，主要的裂缝发育区域呈灰、淡黑、黑色（裂缝指数大于0.1）。其中大、中型裂缝发育区域则呈黑色（裂缝指数大于0.8），大型裂缝（黑色区域）主要沿大型断裂带（黑线或两条黑线所夹持的白色区域）呈线状分布，中型裂缝（淡黑色）主要在构造主体部位上呈交错线状展布；灰色区域为小型裂缝发育区域（裂缝指数0.1至0.8），呈小型斑块状展布；白色区域则是裂缝相对致密的区域（裂缝指数小于0.1至负值），分布区域相对较小，零星展布。通过对 jy1 井及其预测的裂缝方向结果进行验证，应力场预测的裂缝方向及裂缝指数强度与测井资料大体上相对吻合（图4-29）。图中的黑色双箭头方向为 jy1 井预测的裂缝方向，该方向与 FMI 测井资料所解释的裂缝方向较为一致。实践资料表明，构造应力场所预测的裂缝发育强度与方向与井上的资料较为吻合（图4-30、图4-31），可以在实际裂缝预测中使用该方法。

使用与焦石坝地区的应力场分析的相同计算方法，实施对川东南 DS 地区的海相的龙马溪—五峰组页岩的裂缝预测（图4-32），所采用的计算数据是二维地震数据。从图中可见裂缝主要沿断层附近发育，见图中的灰白、灰色区域，预测这些区域的构造应力也相对较高，裂缝也主要在这种部位上发育。预测结果也与后续勘探井上的 FMI 测井资料所解释的裂缝方向较为一致，达到了地质上的预期效果。另外，对 jsbn 地区进行龙马溪—五峰组的裂缝预测（图4-33），从构造应

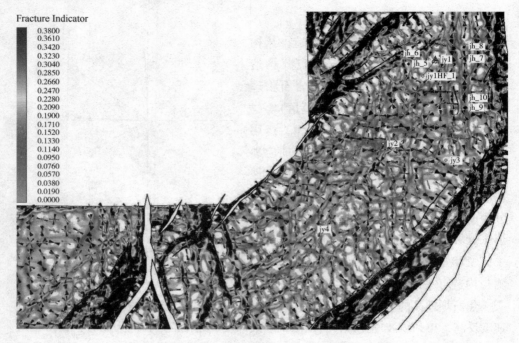

图4-28　焦石坝地区龙马溪—五峰组构造应力预测裂缝强度＋方向平面图

力分析图上可见该区的断裂及裂缝相对发育（灰白色及淡黑色区域），区域裂缝走向以近东西向及南北向为主，页岩岩层中发育的裂缝基本上呈共轭关系，鉴于东西向的裂缝与现今最大主应力方向平行，故这些裂缝推测具有张开性，并且可能与区域大断裂相互沟通，所以该区域的页岩气产能总体上相对较低。

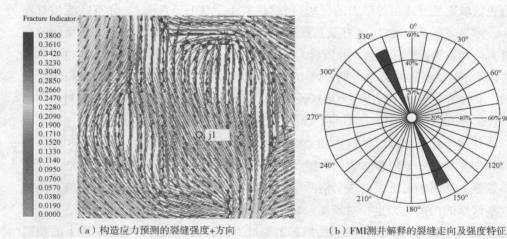

（a）构造应力预测的裂缝强度+方向　　　　（b）FMI测井解释的裂缝走向及强度特征

图4-29　jy1井构造应力场预测与实测龙马溪—五峰组裂缝发育特征

图4-30　jy5井龙马溪组页岩岩心的裂缝发育特征(箭头指示的椭圆区域)

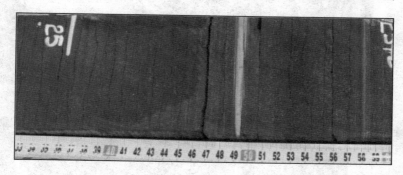

图4-31　jy11-4井龙马溪组页岩岩心的页理缝发育示意图

　　大量勘探实践经验表明,当裂缝走向与晚期最大主应力(现今应力场的压应力及张应力)方向一致或夹角很小时,大多数裂缝为张开缝,此时认为裂缝系统是有效的;反之,当裂缝走向与晚期最大主应力垂直或斜交时,裂缝大多被充填,裂缝的有效性较差。根据张景和、孙宗欣研究成果,当裂缝走向与晚期最大主应力间的夹角小于30°时,裂缝是有效的;当二者夹角大于30°时,裂缝的有效性较差。如焦石坝地区的构造应力分析结果,由于构造应力及断裂的作用,研究区内西北北方向的断裂所造成的裂缝走向由于与现今应力场的方向(近东西方向)呈垂直或大角度相交的状态,推测在压应力的作用下这类裂缝呈相对紧密状态,造成其地层中页岩气保存效果较佳,并利于压裂的进行(表4-3)。如研究区jy4井的西南部位,该区域内裂缝走向与断层的走向较为一致,皆为西北北向,推测地层中裂缝大多数处于闭合状态,但这会使页岩层的压裂效果变差;如构造主体部位上的裂缝方向主要与现今应力场的方向成45°或平行,这类裂缝可在后期的水力压裂作用下易于张开,使其压裂效果达到最佳——裂缝延伸相对较远,

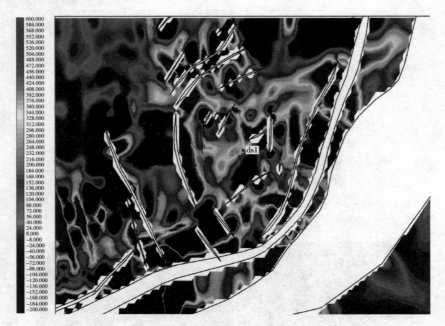

图4-32　川东南 DS 地区龙马溪—五峰组构造应力强度平面图

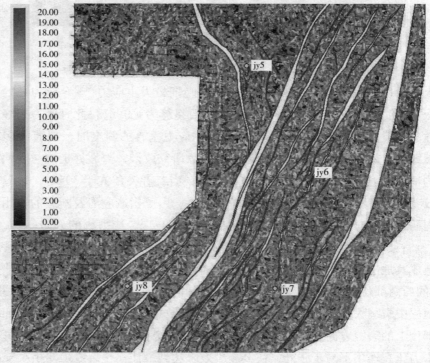

图4-33　jsbn 地区龙马溪—五峰组构造应力预测裂缝强度＋方向平面图

如 jy1 井、jy2 井及 jy4 井连线及其附近的构造主体部位。所以，利用构造应力场分析结果确定水平井的布设位置相当重要，主要是影响到水平井后期的压裂效果，进而影响该井页岩气的产能。

表4-3 现今最大水平主应力方向与断裂走向夹角与保存条件关系表

| 井号 | 断裂走向/(°) | 现今最大水平主应力方向/(°) | 现今最大水平主应力方向与断裂夹角/(°) | 优质页岩孔隙度/% | 产量/(10⁴m³/d) | 压力系数 |
|------|------|------|------|------|------|------|
| jy1 井 | | 85 | | 4.65 | 20.3 | 1.45 |
| jy2 井 | | 85 | | 6.2 | 26.98 | 1.49 |
| jy3 井 | 40 | 75 | 35 | 2.96 | 11.55 | 1.24 |
| jy4 井 | | 95 | | 6.19 | 20.87 | |
| b201 井 | 0 | 90 | 90 | | | |
| jy5 井 | 140 | 75 | 65 | 2.97 | 4.5 | 0.99 |
| jy103-2 井 | 37 | 70 | 33 | | 0.28 | |
| jy6 井 | 30 | 65 | 35 | 2.68 | 6.68 | |
| jy7 井 | 30 | 45 | 15 | 3.23 | 3.68 | 1.323 |
| jy8 井 | 40 | 135 | 85 | 4.39 | 20.8 | 1.56 |
| jy9 井 | 170 | 85 | 85 | 4.1 | | >1.56 |
| dy1 井 | 50 | 85 | 35 | 3.03 | 3.4 | 1.08 |
| dy2 井 | 160 | 55 | 75 | 5.94 | 10.5 | 1.55 |
| yf1 井 | 30 | 125 | 85 | 4.76 | | |
| my1 井 | 160 | 115 | 45 | | 微气 | |
| ty1 井 | 25 | 85 | 60 | 2.85 | 微气 | |
| ry1 井 | 78 | 75 | 3 | 0.75 | 微气 | |

# 5  随钻跟踪

随着石油工业的发展，水平井钻井技术作为提高单井产量和提高采收率的有效手段在全世界得到了越来越广泛的应用。水平井钻井技术通过延伸井眼在油层段的长度，使得增产措施得以简化，并且大大地提高油气的产量，从而取得较好的投入产出效果。国外资料统计表明，在油藏地质与工程技术结合较好的情况下，水平井几乎都能取得高于常规直井的投资回报率。国外一些油公司常将水平井技术作为首选的开发钻井方式，在开发一个油气藏时，首先要评价采用水平井技术开发是否经济可行，其次才考虑采用直井开发的经济可行性。采用水平井技术开发某个油气藏的关键是要求水平段井眼轨迹尽可能位于储层物性最好的油气层内，从而提高水平段的有效长度，保证井网开采效果。

随钻跟踪地质目标的方法与技术研究是地质导向钻井的重要内容。研究认为，在做好水平井地质设计和钻井设计的基础上，要实现随钻跟踪地质目标钻井，必须充分利用随钻测量、随钻测井和录井等资料，从实时岩性识别、随钻测井解释和地层评价、目标层地质模型建立、导向标志层的选取及模拟曲线对比等方面入手，确定钻头上下倾钻进方向及在目标层中的位置，以实时调整井眼轨迹，使其尽可能在储层物性较好的部位中延伸。

岩性的实时识别是随钻跟踪地质目标的一项十分重要的基础工作。研究认为，从测井相识别的角度出发，在曲线自动分层取值的基础上，从随钻资料中提取与岩性密切相关的参数建立测井相—岩相模式，采用灰色关联判别法实时识别钻井地质剖面的岩性是可行的。

随钻测井解释与地层评价是随钻跟踪地质目标的一项关键技术。开展随钻测井资料的标准化和斜井校正及储层参数解释与含流体性质判释等工作的基础上，结合研究工区的实际情况，提取了目标油(气)层和导向标志层的测井地质模式特征，并采用 BP 神经网络法和回归分析法建立了地质导向参数的预测模型、构造了相应的对比曲线；采用几何导向法确定钻头上下倾钻进方向及其在目标层的位置，以判断实际钻进地层情况，可以解决研究工区水平井的随钻跟踪地质目标的问题。

## 5.1　导眼井跟踪

在页岩气勘探中，一般开采的方式是采用水平井进行压裂求产，导致对水平井段穿遇的目的层的物性、裂缝发育程度要求较高。水平井段中钻遇的裂缝规模不能过大，这就要求水平井段内裂缝的发育密度及强度有一定的要求，如果断裂附近的裂缝发育或致使井眼轨迹内的岩心剧烈破碎，这种区域就不适合布设水平井段及进行压裂作业。所以，采用地球物理资料对研究区内的页岩的物性(含气量、脆性指数、压力系数及裂缝发育强度)进行预测，所预测的结果可对水平井布设轨迹及导眼井布设位置提供相关依据。

导眼井的重要任务是取得将来布设水平井的层速度、页岩的物性资料，确保水平井段在页岩物性条件最好的层段中穿行。其中，导眼井跟踪的主要步骤是：①首先取得导眼井相关重要的资料，如钻井的坐标及高程、设计井深，并投影到相关的地震解释软件中(如 Landmark 软件)；②取得导眼井的钻井设计地质分层资料(可通过相关地质、物探技术推测而获得)，确定导眼井的时深关系，并将导眼井轨迹及地质分层投影到地震跟踪剖面中。其中时深关系的确定方法有两种，可根据具体实际情况确定选用其中一种方法。时深关系确定方法包括：a.采用导眼井附近已知钻井的时－深关系数据，拷贝到导眼井中，并参考其他井的时—深关系而建立；b.统计该区域内已知钻井的层速度(表 5-1)，利用层速度建立时深关系。这个步骤 b 相当重要，这将决定随钻跟踪的成功与否。③在随钻跟踪中，每天都要进行跟踪标定并确定井底在地震反射时间剖面中的位置，确定相关的地质分层与地震分层是否吻合，如果吻合则不用调整，若不吻合则重新调整速度或相关分层，直到两者吻合。④在随钻跟踪结束后，利用该导眼井的声波(AC)、密度(Den)测井资料及其他地质分层数据，对该导眼井实施精确的井－震标定，从而获得该导眼井精确的时－深关系数据。

表 5-1　川东南地区页岩气井的地层层速度(速度单位 m/ms)

| 井名 | 飞仙关组 | 龙潭组 | 茅口组 | 栖霞组 | 韩家店组 | 小河坝组 | 龙马溪组 |
|---|---|---|---|---|---|---|---|
| jy4 | 4.938 | 5.734 | 6.15 | 5.476 | 4.294 | 4.434 | 3.91 |
| jy 2 | 5.384 | 5.495 | 5.505 | 5.571 | 4.283 | 4.318 | 4.031 |
| jy 3 | 5.197 | 5.367 | 5.979 | 5.739 | 4.31 | 4.262 | 5.078 |

| 井名 | 飞仙关组 | 龙潭组 | 茅口组 | 栖霞组 | 韩家店组 | 小河坝组 | 龙马溪组 |
|------|---------|--------|--------|--------|----------|----------|----------|
| jy 1 | 5.071 | 5.373 | 5.482 | 5.579 | 4.291 | 4.128 | 4.579 |
| ds1 | — | — | 6.292 | 5.581 | 4.467 | 5.068 | 4.257 |
| dy1 | — | — | 7.455 | 4.359 | 4.871 | 4.511 | 5.016 |
| ls2 | 5.301 | 4.238 | 6.339 | 5.069 | 4.75 | 4.552 | 3.291 |

在实际钻井跟踪过程中，跟踪人员要提取从钻井队中每天发来的钻井日报中的有用信息，如井深、岩性、钻井分层及钻时等。在地质跟踪方面，先建立参照井的地质分层及岩性、钻时、测井数据，并将这些数据加载进石文软件里使其和随钻井一起展示，以利于地质人员进行对比分析。当然，也将加入石文软件中随钻井的地质信息进行每天的随时更新，并对随钻井与参照井之间进行相关的地层及沉积相对比，预判随钻井将要钻达的地层位置及与目的层的距离，并将相关信息反馈到地震跟踪方面。地震方面的跟踪（物探类）主要利用地质分层信息及速度信息进行地震剖面的更新工作，从而对比、确定钻头的真实位置。地震跟踪也要关注井深、分层、钻时及钻井的漏失深度（确定断层或裂缝位置）等信息，并在相关的地震剖面上进行标注，以利于勘探者的认识及判断。另外，对地震跟踪剖面的选择也相当重要，一般选择过井点或与井点最为邻近的地震剖面。

例如对 DS 地区的导眼井 dy1-HF 跟踪过程如图 5-1 所示，利用每天的钻井地质日报中的钻头深度位置（井底）实施对其地震剖面中的位置投影，大致粗略确定钻头在地震剖面中的双程反射时间位置。不能精确标定主要是钻井在钻进过程中只有岩心及地质分层资料，而相关的测井数据没有，所以不能准确确定其层速度，导致这只是一种预测性标定。通过确定钻头在时间域中的位置及其将要到达时间域的地震反射层位（与地质层位相对应），以及钻机在井中单位进尺的钻进的时间，可以使勘探者大致了解将要钻达目的层的时间，并有足够的时间准确下一步工作（如现场采样、含气量测试等）。实际随钻跟踪过程中，特别在地震跟踪过程中要留有足够的冗余度，以防由于层速度取值不准导致钻头位置在地震剖面中的位置不准确而致使相关的目的层实际已被钻穿而错过取样层位。

在川东南地区随钻跟踪的经验是当钻头到达页岩段时，钻机钻速明显加快并在返渣中可见黑色页岩岩屑，此时要根据实际情况进行取岩心工作。当钻机钻穿石牛栏组或小河坝组底界时，则应密切注意钻井的钻速及泥浆中返渣情况。一般钻井钻到页岩层时，钻机表现为进尺加快，黑色页岩碎屑返回井口，这时勘探者

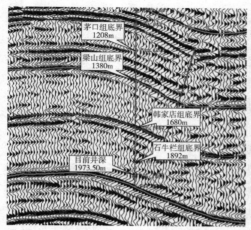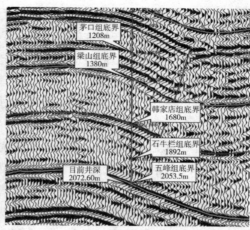

（a）跟踪标定日期——2013年12月6日    （b）跟踪标定日期——2013年12月18日

图5-1 川东南 DS 地区 dy1-HF 导眼井跟踪示意图

要紧盯地震剖面中的钻头位置及现场录井资料，并确定取岩心的位置及时间，一般相关采样的时间设计应该提前，以防预测和实钻情况有差别而导致取不到岩心。一般情况下，地震预测及跟踪都可能有误差问题，这些问题往往不能忽视；另外，可在地震反射时间剖面上确定取心的回次并对其进行标定，可进行各个回次的顶、底层位解释并确定井外相关回次（地质层段）分布情况；其次，在钻井现场可实施对导眼井岩心的现场岩性描述、伽马值现场测定、含气量检测、采样封装等现场工作。地质标定就是将导眼井与其最邻近的已知钻井的地层进行对比，确定两井之间相同的地质分层，并预测下一步钻头将要进入的地层。当导眼井钻穿页岩层，钻头到达奥陶组灰岩中50m（俗称口袋）后，即可对该导眼井进行终孔。另外，在川南的一口钻井随钻跟踪中，由于预测的层速度不准确，预测层速度高于实际地层的速度，导致预测的页岩段相对比实际地层厚了约90m，只收获了该井底部约10m的页岩岩心而缺失了上部的页岩岩心。

## 5.2 水平井跟踪

水平井是页岩气压裂开采的主要作业区域，也是随钻跟踪的重点。水平井的钻井设计在一般情况下主要利用导眼井的井位及井轨迹，实施水平井段的开窗及轨迹设计，并实施水平井钻井。其中，井轨迹设计及水平段的 A、B 靶点的设计相对关键，靶点一般都放在页岩层段中有机质或 TOC 含量相对较高的层段，结合相关的深度构造图（以导眼井的时深关系进行转换而得），并对水平段附近及其周围的地震剖面进行精细解释，确定是否存在断层及裂缝，并清楚的确定它们的发育部位及规模，从而有选择性地确定水平井段的深度及走向，完成水平井段的轨迹设计。其中，关键的节点为开窗口（造斜点）、造斜段（A 靶点水平位移）、A 靶点及 B 靶点、水平段等。实际操作过程中，勘探者往往根据实钻水平井钻遇的地层、含烃量数据、随钻伽马数据及井轨迹（$x$—坐标、$y$—坐标、$z$—深度）、地震剖面中的轨迹位置等信息而不断地调整水平井段的轨迹参数，确保钻头在优质页岩层段中穿行，并有利于后续的压裂工作；甚至于有的水平井在钻进实际操作中有目的地设计及调整井轨迹向下使其触碰到下伏的灰岩，从而精确确定其钻头（井底）在地震剖面中的位置，并使钻头向上重新调整回到优质页岩段中。

在实际水平井跟踪过程中，该步骤主要为：①确定页岩储层中的水平井段位置（长度及走向），建立相关的井轨迹及入靶点（A 靶）及终靶点（B 靶）。一般水平井段设计为1000m 左右，终孔可视地质、具体钻进实际情况决定；②利用导眼井精确的时深关系赋值到该水平井的时深关系上，并投影到地震跟踪剖面上，每天密切注意钻头所钻遇的地层、含烃量、随钻伽马值等特征，并将这些参数特征跟导眼井相对应的参数特征进行对比，确定钻遇层段与相关的导眼井中取心回次的对应关系（图5-2）。③水平井随钻跟踪，利用每天的钻井日报及分层、随钻伽马数据等资料进行地震跟踪剖面中的轨迹位置投影，并利用相关信息实施及指导钻井轨迹参数设计、调整。

实例中，利用 dy1-HF 进行相关的水平井跟踪操作演示。通过对导眼井的岩心资料分析及相关的测井资料分析，确定该井的取心第 8 次、第 9 次的岩心中的含气量及 TOC 相对其他取心段高，并且该层段和下部的灰岩相接触，与区域上的各个页岩气井内优质页岩层的分布位置相吻合。所以，确定 dy1-HF 的水平井段在该部位（取心第 8 次、第 9 次）中穿行，也利于后期的压裂工作，水平井跟踪具体方法主要确定实钻水平井轨迹在地震跟踪剖面中的位置（图5-3），并要每天对其实钻井轨迹进行更新。其次，水平井设计中可以利用导眼井的取心回次、地震跟踪剖面对页岩段进行精细分层解释（取心回次层位），并采用导眼井的时深关系以投影确定水平井段在优质页岩段中的分布位置，从而获得水平井轨迹的倾角、方位角、深度数据（图5-4）。实际跟踪过程中可将实钻水平井轨迹及设计水平井轨迹在平面上进行投影（图5-5），以便了解实钻水平井与设计水平井轨迹的平面分布、偏移情况，看两者的重合度并进行相关的偏移修正工作。

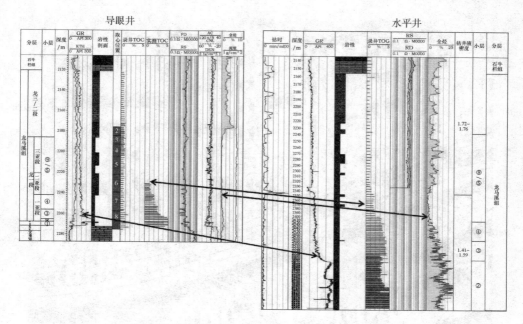

图 5-2　导眼井与水平井相关钻遇层位的测井数据对比示意图（注意双箭头）

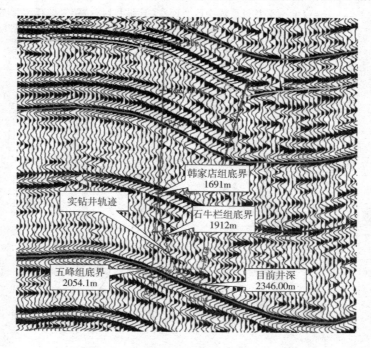

图 5-3　dy1-HF 水平井随钻跟踪示意图

图 5-4 dy1-HF 水平井页岩层中取心回次(导眼井)层位精细解释示意图

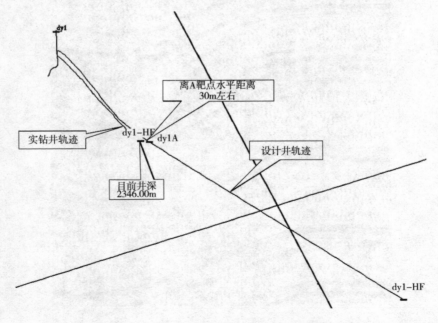

图 5-5 dy1-HF 水平井井轨迹(设计及实钻)的平面投影示意图

在水平井跟踪的实践中，现场信息往往千差万别，主要是由于各种各样的实际情况所造成，所以要根据相关的信息灵活应用及群策群力，从而完成水平井段的钻进工作，这也需要地质、物探、钻探相关专业的密切配合。例如导眼井的速度与水平井的层速度往往存在差异、水平段地质构造可能有起伏等，而造成实钻井轨迹所钻遇的地层与实际设计钻遇地层不相符的情况；另外，时间域地震剖面中的构造形态失真或解释的地层不准确而导致钻井按设计井轨迹参数钻进可发生钻遇下伏灰岩层、或钻遇上部地层，这些都是一些在水平井钻进跟踪可能发生的情况，所以要加强钻井跟踪方面的研究工作。

通常情况下，由于地震资料是时间域的，而实际水平井的钻进测量是深度域的，所以要对这两个域进行转换，才能对钻井的钻头轨迹及位置进行粗略跟踪。实际情况来看，将钻井的轨迹参数从深度域转换到时间域存在很多问题。首先是地震时间剖面是受速度影响而成像的剖面，当地层的速度剧烈变化以及地表存在静校正问题时，时间域剖面不一定反映实际的地质构造情况，往往导致水平井的实际钻进与设计参数不相符的情况。所以，在跟踪工作中如有条件可对时间域的地震剖面转换到深度域的地震剖面，利用深度域的地震剖面来进行井轨迹跟踪（图5-6）。如四川盆地某些膏盐下的海相地层，并且构造复杂，经时间域偏移的地震剖面和深度域偏移的地震剖面进行对比，发现构造的高点具有偏移现象，这也经过钻井资料证实。所以，在水平井的钻井跟踪工作中，最好使用深度域的地震剖面来实施井轨迹的跟踪工作。

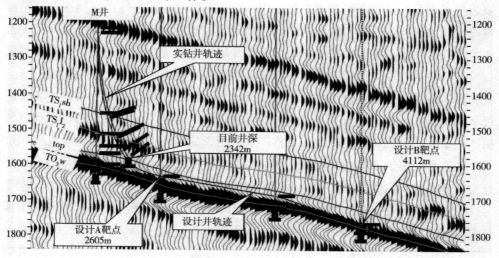

图5-6　利用深度域剖面对M井的水平井轨迹实施跟踪示意图

# 6 结束语

随着近年来油气勘探逐渐由常规勘探走向非常规勘探，勘探难度也越来越大，这需要相关的物探技术在非常规油气勘探中进行探索及研究、创新，寻找出一套较为有利的关于页岩气储层预测的地球物理技术方法。由于非常规油气勘探时间短，适应非常规油气勘探的相关地球物理技术、流程还没建立起来，还有的页岩气勘探直接借鉴常规油气勘探技术，当然也能取得一些成功，但也有失败的例子存在，不具有普遍性。海相的龙马溪页岩储层在川、黔、鄂、滇等省内广泛存在，并引起相关的勘探者的注意，其中中国石化及中国石油、其他勘探公司（如华电集团）也对其投入了较大的人力、财力，并取得相关的页岩气勘探成功经验。

鉴于页岩气在四川盆地内已取得商业上的突破，以川东南地区的焦石坝页岩气田为代表，在该区域已密布了近 200 口或更多的水平井，目前焦石坝区域中的页岩气水平井的油气产能相当高且稳定，为一个典型的页岩气勘探例子并且已经取得成功。近年来，四川盆地围绕焦石坝地区海相的龙马溪—五峰组展开相关勘探，并以沿齐岳山大断裂带的四川盆缘的背斜构造区域甚至盆内区域为页岩气勘探重点。在焦石坝之后，利用焦石坝相关勘探经验实施了 DS 地区、林滩场地区、五指山—美姑区块的页岩气井位布设及勘探，并取得相关的研究成果。本次研究以成功的川东南地区焦石坝页岩气田为主进行页岩储层预测研究，期望起到抛砖引玉的效果，并能将相关研究成果推广到其附近的区块或页岩地层的油气勘探过程中。本着探索、研究建立相关的页岩预测、勘探及技术方法参数流程，本次研究对海相页岩储层预测及勘探实践的主要认识和成果如下。

（1）对海相页岩储层的埋深、优质页岩储层厚度、裂缝及断裂分布研究非常重要，关系到页岩气井的产能建设。高产页岩气井的埋深范围一般在 1500 ~ 3500m，页岩储层厚度大，一般优质页岩储层厚度大于 20m；水平井附近的微裂缝发育而大型断裂不发育，要求裂缝方向与现代主应力方向呈平行或小角度相交状态；一般情况下，要求该水平井周围大约1km范围内的大型断裂不发育，而水平井段附近的微型裂缝相对发育。

（2）精细地震资料解释及目的层埋深成图技术是了解页岩储层空间分布的一大手段，通过这两种技术可以了解页岩储层的埋深及区域断裂系统的发育情况，并利于后续页岩气勘探开发中的布井设计。

（3）地震属性及亮点分析技术可以快速、准确地找到优质页岩储层，优质页岩储层的顶部反射往往表现出亮点特征及优质页岩段具有高伯格主频、较高高亮体值及高波峰数等特点；并可采用属性波形分类技术，从而在宏观上对页岩储层进行分类评价，确定优质页岩储层的平面分布区域。

（4）利用井－震联合反演可以得到优质页岩储层的大致空间分布位置，页岩储层与非储层在波阻抗值上具有一定的差异，这个结论也被井资料所证实。当然也可以设置优质页岩储层的波阻抗门槛值，利用页岩层的时间厚度及速度参数进行优质页岩储层的厚度预测，以便推进后续的勘探开发工作。

（5）属性约束建模技术适用于井数量较多的开发阶段，并能得到相对精确的优质页岩储层预测成果。通过利用最佳拟合属性对各井的测井数据（如含烃量、TOC等）所建立的相关模型进行约束，可以得到与地质实际情况更为吻合的测井类数据体，并利于评价页岩储层及指导后续的勘探工作。

（6）相干体及曲率技术对大型断裂及较大型裂缝带的预测分辨率还是可以的，利用相干体及曲率技术对海相页岩中发育的断裂系统及较大型裂缝进行探测，达到了地质上的预期效果并可对精细解释的断裂系统成果进行验证，两者吻合度高。根据断裂系统分布平面图可进行相关的页岩气井设计，使其远离大的断裂系统。

（7）利用叠前P波各向异性分析技术进行裂缝预测，该技术可定性描述裂缝强度和裂缝方位，或定量反演裂缝参数。由于利用叠前P波各向异性方法具有预测小于反射波波长尺度级别裂缝的识别能力，可实施页岩中的微型裂缝的探测，从而确定出微型裂缝发育区域，该技术方法对微型裂缝的探测能力总体上优于基于叠后数据预测裂缝的技术。

（8）现今应力场方向对地下裂缝的开启、闭合具有重要意义，可影响到相关的压裂效果。利用构造应力场分析技术可得到较为准确的地下裂缝发育方向，并与区域上的现今应力场方向进行分析，从而确定地下裂缝的开启、闭合情况。当现今应力场方向与地下的裂缝方向呈平行或小角度相交状态时，裂缝易于压裂；当现今应力场方向与地下的裂缝方向呈垂直或大角度相交状态时，裂缝趋于闭合而不易于压裂。

(9)利用叠后地震资料对页岩储层进行吸收衰减分析的研究成果显示，优质页岩储层通常对地震波具有高吸收衰减特征，而非优质页岩储层具有较低的吸收衰减特征，这可能是优质页岩储层的孔隙及裂缝的共同作用而使地震波的衰减相对剧烈所致。

(10)利用 AVO 技术中的梯度及截距分析技术可以更为精确地预测优质页岩储层的分布问题，优质页岩储层往往具有小梯度值及高截距等特征。实践证明含气量高的页岩储层通常具有小梯度值及高截距，这种页岩储层也利于压裂，推测高截距区域的页岩也具有脆性指数高的特点，经压裂可获高产工业气流；而大梯度值及低截距等特征的区域内页岩储层的含气量相对较差，裂缝也相对致密，不利于进行页岩气勘探，测试的页岩气产能可能相对较低。

(11)随钻跟踪相当重要，可实时监控导眼井及水平井的轨迹，并指导相关的取岩心及现场参数测试。通过导眼井的布设、钻探可取得页岩储层相关参数、时深关系，并能精确确定优质页岩储层的分布位置及设计相关的水平井轨迹参数。在随钻跟踪工作中，根据随钻水平井的地震、地质、测井信息可在原水平井轨迹设计的基础上调整相关的水平井轨迹参数，使其更好的在优质页岩储层中穿行。

由于现阶段的油气勘探进程较快、研究时间紧，科研任务相对繁重，有关海相页岩储层预测成果的分析、认识可能不足，存在疏漏在所难免，并且本书成果集成总结的时间相对紧张，再加上作者水平有限，书中错误和分析不妥之处望读者不吝赐教。

# 参考文献

[1]Passey Q R, Bohacs K M, Esch W L, et al. Form oil-prone source rock to gas-producing shale reservoir geologic and petrophysical characterization of unconventional shale-gas reservoirs[A]. International Oil and Gas Conference[C]. 2010.

[2]Vandenbroucke M, Largeau C. Kerogen origin, evolution and structure[J]. Organic Geochemistry, 2007, 38: 719~833.

[3]Tyson R V, Pearson T H. Modern and ancient contiental shelf anoxia[J]. Geological Society of Special Publication, 1991, 58: 470~482.

[4]张小龙，李艳芳，吕海刚，等．四川盆地志留系龙马溪组有机质特征与沉积环境的关系[J]，煤炭学报，2013，38(5)：851~856．

[5]张水昌，张宝民，边立增，等．中国海相烃源岩发育控制因素[J]．地学前缘，2006，12(3)：39~48．

[6]李天义，何生，杨智．海相优质烃源岩形成环境及其控制因素分析[J]．地质科技情报，27(6)：63~70．

[7]姜琦刚．四川若尔盖北部寒武系太阳顶群硅质岩的热水沉积成因[J]．长春地质学院学报，22(4)：373~378．

[8]张金川，汪宗余，聂海宽，等．页岩气及其勘探研究意义[J]．天然气工业，2008，22(4)：640~656．

[9]张金川，徐波，聂海宽，等．中国页岩气资源勘探潜力[J]．天然气工业，2008，28(6)：136~140．

[10]李文厚．汉中下志留统放射虫硅质岩的岩石学特征及其地质意义[J]．沉积学报，1997，15(3)：171~173．

[11]孔德涛，宁正福，杨峰，等．页岩气吸附特征及影响因素[J]．石油化工应用，2013，32(9)：1~4．

[12]张金川，金之钧，袁明生，等．页岩气成藏机理和分布[J]．天然气工业，2004，24(2)：15~18．

[13]张利萍，潘仁芳．页岩气的主要成藏要素与气储改造[J]．中国石油勘探，2009，(3)：

20～23.

[14]王玉满，董大忠，杨桦，等．川南下志留统龙马溪组页岩储集空间定量表征[J]．中国科学：D辑地球科学，2014，44(6)：1348～1356.

[15]王道富，王玉满，董大忠，等．川南下寒武统筇竹寺组页岩储集空间定量表征[J]．天然气工业，2013，33(7)：1～10.

[16]邹才能，董大忠，王社教，等．中国页岩气形成机理、地质特征与资源潜力[J]．石油勘探与开发，2010，37(6)：641～653.

[17]聂海宽，何发岐，包书景．中国页岩气地质特殊性及其勘探对策[J]．天然气工业，2011，31(11)：111～116.

[18]梁兴，叶熙，张介辉，等．滇黔北下古生界海相页岩气藏赋存条件评价[J]．海相油气地质，2011，16(4)：11～21.

[19]郭旭升，郭彤楼，魏志红，等．中国南方页岩气勘探评价的几点思考[J]．中国工程科学，2012，4(6)：101～105.

[20]郭彤楼，刘若冰．复杂构造区高演化程度海相页岩气勘探突破的气势——以四川盆地东部盆缘JY1井为例[J]．天然气地球科学，2013，24(4)：643～650.

[21]王庆波，刘若冰，李春燕，等．四川盆地及周缘龙马溪—五峰组页岩气地质条件研究[J]．重庆科技学院学报(自然科学版)，2012(5)：17～21.

[22]Pedersen T F，Calvert S E．Anoxia vs. productivity：What controls the formation of organic-carbon-rich sediments and sedimentary rock[J]．AAPG Bulletin，1993，74：454～466.

[23]Mann U，Stein R．Organic facies variations，source rock potential and sea level changes in cretaceous black shales of the quebrada ocal upper Magdalena valley，Colombia[J]．AAPG Bulletin，1997，81：556～576.

[24]Curtis J B．Fractured shale-gas systems[J]．AAPG Bu lletin，2002，86(11)：1921～1938.

[25]Ross D J K，Bustin R M．Shale gas potential of the Lower Jurassic Gordondale Member north eastern British Columbia，C anada[J]．Bu lletin of Canadian P etroleum G eology，2007，55(1)：51～75.

[26]董大忠，邹才能，李建忠，等．页岩气资源潜力与勘探开发前景[J]．地质通报，2011，30(2/3)324～336.

[27]董大忠，程克明．页岩气资源评价方法及其在四川盆地的应用[J]．天然气工业，2009，29(5)：33～39.

[28]邹才能，董大忠，王社教，等．中国页岩气形成机理、地质特征及资源潜力[J]．石油勘探与开发，2010，37(6)：641～653.

[29]蒲伯伶，蒋有录，王毅，等．四川盆地下志留统龙马溪组页岩气成藏条件及有利地区分析[J]．石油学报，2010，31(2)：225～230.

[30]陈尚斌，朱炎铭，王红岩，等．中国页岩气研究现状与发展趋势[J]．石油学报，2010，

31（4）：689~694.

[31]聂海宽，张金川．页岩气藏分布地质与规律[J]．中南大学学报（自然科版），2010，41（2）：700~708.

[32]梁超，姜在兴，杨镱婷，等．四川盆地五峰—龙马溪组页岩岩相及储集空间特征[J]．石油勘探与开发，2012，39(6)：691~698.

[33]吴礼明，丁文龙，张金川．渝东南地区下志留统龙马溪组富含有机质页岩储层裂缝分布预测[J]．石油天然气学报（江汉石油学院学报），2011，33(9)：43~46.

[34]龙鹏宇，张金川，唐玄，等．泥页岩裂缝发育特征及其对页岩气勘探和开发的影响[J]．天然气地球科学，2011，22(3)：525~532.

[35]罗蓉，李青．页岩气测井评价及地震预测，监测技术探讨[J]．天然气工业，2011，31（4）：34~39.

[36]刘双莲，陆黄生．页岩气测井评价技术特点及评价方法探讨[J]．测井技术，2011，35（2）：112~116.

[37]刘绪刚，孙建孟，郭云峰．元素俘获测井在储层综合评价中的应用[J]．测井技术，2005，29(3)：236~240.

[38]潘仁芳，赵明清，伍媛．页岩气测井技术的应用[J]．中国科技信息，2010(7)：16~18.

[39]曲寿利，季玉新，王鑫，等．全方位P波属性裂缝检测方法[J]．石油地球物理勘探，2001，36(4)：390~397.

[40]杜婧，王尚旭，刘国昌，等．基于局部斜率属性的VSP波场分离研究[J]．地球物理学报，2009，52(7)：1867~1872.

[41]王华忠，徐蔚亚，王建民，等．VSP数据波动方程叠前深度偏移成像及立体地震成像[J]．石油地球物理勘探，2001，36(5)：517~525.

[42]王珺，杨长春，刘海河，等．克希霍夫法VSP多波联合成像[J]．地球物理学进展，2006，21(3)：845~855.

[43]吴世萍，黄录忠，胡天跃．Walkaway VSP多次波成像技术研究[J]．石油物探，2011，50（2）：115~123.

[44]吴奇之．地震资料解释工作的现状与展望[J]．石油地球物理勘探，1987，22(4)：468~482.

[45]郑军林，王茂文，陈斌，等．精细地震资料解释在桥口复杂断块带的应用[J]．断块油气田，2003，10(6)：29~31.

[46]栾颖，冯晅，刘财，等．波阻抗反演技术的研究现状及发展[J]．吉林大学学报（地球科学版），2008，38(S)：94~98.

[47]卢占武，韩立国．波阻抗反演技术研究进展[J]．世界地质，2002，21(4)：372~376.

[48]邹冠贵，彭苏萍，张辉，等．地震递推反演预测深部灰岩富水区研究[J]．中国矿业大学学报，2009，38(3)：390~395.

[49]杨立强.测井约束地震反演综述[J].地球物理学进展,2003,18(3):530~534.

[50]杨绍国,杨长春.一种基于模型的波阻抗反演方法[J].物探化探计算技术,1999,21(4):330~338.

[51]张永华,步清华,杨春峰,等.测井宽带约束反演技术在油藏描述中的作用[J].河南石油,1999,13(3):1~5.

[52]刘莹.利用测井约束反演技术辨别气层与煤层[J].石油物探,1999,38(4):51~56.

[53]Backus GE,Gilbert JF. Numerical application of a formulism for geophysical inverse [J]. Geophys.J.R.astr. 1967,13:247~276.

[54]马劲风,王学军,钟俊,等.测井资料约束的波阻抗反演中的多解性问题[J].石油与天然气地质,1999,20(1):7~10.

[55]刘春成,赵立,王春红,等.测井约束波阻抗反演及应用[J].中国海上油气(地质),2000,14(1):64~67.

[56]刘彦君,刘大锰,年静波,等.沉积规律控制下的测井约束波阻抗反演及其应用[J].大庆石油地质与开发,2007,26(5):133~137.

[57]王香文,刘红,滕彬彬,等.地质统计学反演技术在薄储层预测中的应用[J].石油与天然气地质,2012,33(5):730~735.

[58]何火华,李少华,杜家元,等.利用地质统计学反演进行薄砂体储层预测[J].物探与化探,2011,35(6):804~808.

[59]Rothman D H. Geostatistical inversion of 3-D seismic data for thinsand delineation [J]. Geophysics,1998,51(2):332~346.

[60]李方明.地质统计反演之随机地震反演方法—以苏M盆地P油田为例[J].石油勘探与开发,2007,34(4):451~455.

[61]孙思敏,彭仕宓.地质统计学反演方法及其在薄层砂体储层预测中的应用[J].西安石油大学学报(自然科学学报),2007,22(1):41~44.

[62]孙思敏,彭仕宓.地质统计学反演及其在吉林扶余油田储层预测中的应用[J].物探与化探,2007,31(1):51~54.

[63]王家华,王镜惠,梅明华.地质统计学反演的应用研究[J].吐哈油气,2011,16(3):201~204.

[64]Dubrule O,Thibaut M,Lamy P,et al. Haas,Geostatistical reservoir aracterization constrained by 3d seismic data[J]. Petroleum science,1998(4):121~128.

[65]Haas A,Dubrule O. Geostatistical inversion-A sequential method for stochastic reservoir modeling constrained by seismic data[J]. First Break,1994,13(12):61~569.

[66]宁松华,曹淼,刘雷颂,等.地质统计学反演在三道桥工区储层预测中的应用[J].石油天然气学报(江汉石油学院学报),2014,36(7):52~54.

[67]叶云飞,刘春成,刘志斌,等.地质统计学反演技术研究与应用[J].物探化探计算技

术，2014，36(4)：446～450.

[68]撒利明. 基于信息融合理论和波动方程的地震地质统计学反演[J]. 成都理工大学学报（自然科学版），2003，30(1)：60～63.

[69]苏云，李录明，钟崎，等. 随机反演在储层预测中的应用[J]. 煤田地质与勘探，2009，37(6)：63～66.

[70]张建林，吴胜和. 应用随机模拟方法预测岩性圈闭[J]. 石油勘探与开发，2003，30(3)：114～116.

[71]郑爱萍，刘春平. 随机模拟在储层预测中的应用[J]. 江汉石油职工大学学报，2003，16(3)：34～36.

[72]张志伟，王春生，林雅平，等. 地震相控非线性随机反演在阿姆河盆地 A 区块碳酸盐岩储层预测中的应用[J]. 石油地球物理勘探，2011，46(2)：304～310.

[73]姜亮，黄捍东，魏修成，等. 地震道的非线性约束反演[J]. 石油地球物理勘探，2003，38(4)：435～438.

[74]刘丹，徐伟. 随机反演在陆丰 13－1 油田储层预测中的应用[J] 物探化探计算技术，2012，34(3)：331～335.

[75]贾豫葛，李小凡，张美根，等. 地震波非线性反演方法研究综述[J]. 防灾减灾工程学报，2005，25(3)：345～350.

[76]李琼，贺振华. 地震高分辨率非线性反演在薄互储层识别中的应用[J]. 成都理工大学学报(自然科学版)，2004，31(6)：708～712.

[77]李勇，李正文. 高分辨率非线性反演方法及应用研究[J]. 天然气工业，2004，24(3)：58～60.

[78]吴建军，杨培杰，王长江，等. 地震多属性非线性反演方法在东营三角洲中的应用[J]. 油气地质与采收率，2013，20(1)：52～54.

[79]余得平，曹辉，王咸彬. 相干数据体及其在三维地震解释中的应用[J]. 石油物探，1998，37(4)：75～79.

[80]孙夕平，杨国权. 三维地震相干体技术在目标沉积相研究中的应用[J]. 石油物探，2004，43(6)：591～594.

[81]覃天，刘立峰. 多属性相干分析在预测储层裂缝发育带中的应用[J]. 石油天然气学报（江汉石油学院学报），2008，30(6)：254～257.

[82]王开燕，徐清彦，张桂芳，等. 地震属性分析技术综述[J]. 地球物理学进展，2013，28(2)：815～823.

[83]王永刚，乐友喜，张军华. 地震属性分析技术[M]. 山东：中国石油大学出版社，2007，97～100.

[84]郭华军，刘庆成. 地震属性技术的历史、现状及发展趋势[J]. 物探与化探，2008，32(1)：19～22.

[85]肖西,党杨斌,唐玮,等.地震属性分析技术在饶阳凹陷路家庄地区的应用[J].长江大学学报(自然版),2011,8(5):40~42.

[86]董文波,胡松,任宝铭,等.地震属性技术在克拉玛依油田滑塌浊积岩圈闭勘探中的应用[J].工程地球物理学报,2011,8(1):87~90.

[87]王咸彬,顾石庆.地震属性的应用与认识[J].石油物探,2004,43(S):25~27.

[88]熊冉,刘玲利,刘爱华,等.地震属性分析在轮南地区储层预测中的应用[J].特种油气藏,2008,15(8):34~43.

[89]郑忠刚,崔三元,张恩柯.地震属性技术研究与应用[J].西部探矿工程,2007,19(5):86~88.

[90]张延玲,杨长春,贾曙光.地震属性技术的研究和应用[J].地球物理学进展,2005,20(4):1129~1133.

[91]王利田,苏小军,管仁顺,等.地震属性分析在彩16井区储层预测中的应用[J].地球物理学进展,2006,21(3):922~925.

[92]吕公河,于常青,董宁.叠后地震属性分析在油气田勘探开发中的应用[J].地球物理学进展,2006,21(1):161~166.

[93]吴雨花,桂志先,于亮,等.地震属性分析技术在西南庄-柏各庄地区储层预测中的应用[J].石油天然气学报,2007,29(3):391~393.

[94]郝骞,张晶晶,李鑫,等.地震属性油气储层预测技术及其应用[J].湖北大学学报,2010,32(3):339~343.

[95]代瑜.叠后地震属性在温米油田三间房组储层描述中的应用[D].北京:中国石油大学,2010.

[96]罗忠辉,冷军.地震属性分析在潜江凹陷储层预测中的应用[J].石油天然气学报,2010,32(1):228~231.

[97]胡斌,张亚军,王俐,等.地震属性技术与储层预测[J].小型油气藏,2002,7(1):24~29.

[98]唐晓川,孙耀华,吴亚东,等.地震属性技术在桑塔木碳酸盐岩储层预测中的应用[J].河南石油,2005,19(4):13~15.

[99]李敏.地震属性技术研究及其在关家堡储层预测中的应用[D].陕西:西北大学,2005:11~12.

[100]万琳.地震属性分析及其在储层预测中的应用[J].油气地球物理,2009,74(3):43~46.

[101]宁松华.地震属性分析在托浦台储层预测中的应用[J].石油天然气学报,2006,28(5):70~73.

[102]刘威,罗珊珊,李银婷,等.地震属性技术在碳酸盐岩储层预测及其应用[J].石油化工应用,2011,30(5):67~69.

[103]刘文岭，牛彦良，李刚，等．多信息储层预测地震属性提取与有效性分析方法[J]．石油物探，2002，41（1）：100~106．

[104]袁野，刘洋．地震属性优化与预测新进展[J]．勘探地球物理进展，2010，33（4）：229~237．

[105]倪逸，杨慧珠，郭玲萱，等．储层油气预测中地震属性优选问题探讨[J]．石油地球物理勘探，1999，34（6）：614~626．

[106]陈学海，卢双舫，薛海涛，等．地震属性技术在北乌斯丘尔特盆地侏罗系泥岩预测中的应用[J]．中国石油勘探，2011，16（2）：67~71．

[107]印兴耀，周静毅．地震属性优化方法综述[J]．石油地球物理勘探，2005，40（4）：482~489．

[108]高林，杨勤勇．地震属性技术的新进展[J]．石油物探，2004，43（S）：10~16．

[109]鲍祥生，尹成，赵伟，等．储层预测的地震属性优选技术研究[J]．石油物探，2006，45（1）：28~33．

[110]周静毅．MDI地震属性技术在储层预测中的应用[J]．海洋石油，2008，28（3）：6~10．

[111]刘立峰，孙赞东，杨海军，等．缝洞型碳酸盐岩储层地震属性优化方法及应用[J]．石油地球物理勘探，2009，44（6）：747~754．

[112]张洪波，王纬，顾汉明．高精度地震属性储层预测技术研究[J]．天然气工业，2005，25（7）：35~37．

[113]秦月霜，陈显森，王彦辉．用优选后的地震属性参数进行储层预测[J]．大庆石油地质与开发，2000，19（6）：44~45．

[114]宫健，许淑梅，马云，等．基于地震属性的储层预测方法——以永安地区永3区块沙河街组二段为例[J]．海洋地质与第四纪地质，2009，29（6）：95~102．

[115]邵锐，孙彦彬，于海生，等．基于地震属性各向异性的火山机构识别技术[J]．地球物理学报，2011，54（2）：343~348．

[116]王志君，黄军斌．利用相干技术和三维可视化技术识别微小断层和砂体[J]．石油地球物理勘探，2001，36（3）：378~381．

[117]吴件荣．EnEn地质综合研究系统手册[Z]．北京：益能泰德石油资源软件开发有限公司，2011，264~269．

[118]边树涛，董艳蕾，郑浚茂．地震波频谱衰减检测天然气技术应用研究[J]．石油地球物理勘探，2007，42（3）：296~300．

[119]肖继林，胡伟光，肖伟．川东北马路背地区须家河组储层综合预测[J]．天然气技术，2010，4（3）：17~18．

[120]何又雄，钟庆良．地震波衰减属性在油气预测中的应用[J]．江汉石油科技，2007，17（3）：9~11．

[121]范春华．元坝地区雷口坡组储层综合研究[J]．中国西部科技，2011，10（1）：8~10．

[122]吴强. VVA7. 3 用户手册[Z]. 北京：地模(北京)科技有限公司, 2013, 157 ~ 162.

[123]朱兆林, 赵爱国. 裂缝介质的纵波方位 AVO 反演研究[J]. 石油物探, 2005, 44(5)：499 ~ 503.

[124]莫午零, 吴朝东. 裂缝性储层 AVO 模型研究[J]. 天然气工业, 2007, 27(2)：43 ~ 45.

[125]曹孟起, 王九栓, 邵林海. 叠前弹性波阻抗反演技术及应用[J]. 石油地球物理勘探, 2006, 41(3)：323 ~ 326.

[126]彭真明, 李亚林, 梁波, 等. 叠前弹性阻抗在储层气水识别中的应用[J]. 天然气工业, 2007, 38(4)：43 ~ 45, 52.

[127]Li X Y, Kühnel, T, MacBeth C. Mixed mode AVO response in fractured media[J]. Expanded Abstracts of 66th Annual Internat SEG Mtg, 1996 1822 ~ 1825.

[128]刘卫华, 高建虎, 陈启艳, 等. 苏里格气田某工区储层预测可行性研究[J]. 岩性油气藏, 2009, 21(2)：94 ~ 98.

[129]吴光大, 徐尚成. AVO 技术在柴达木盆地东部天然气检测中的应用[J]. 石油地球物理勘探, 1994, 29(S1)：24 ~ 31.

[130]史松群, 赵玉华. 苏里格气田 AVO 技术的研究与应用[J]. 天然气工业, 2002, 22(6)：30 ~ 34.

[131]胡伟光, 范春华, 秦绪乾, 等. AVO 技术在 YB 地区礁滩储层预测中的应用[J]. 天然气勘探与开发, 2011, 34(1)：26 ~ 35.

[132]胡伟光, 蒲勇, 赵卓男, 等. 利用弹性参数预测礁、滩相储层[J]. 石油地球物理勘探, 2010, 45(S1)：176 ~ 180.

[133]胡伟光, 李发贵, 杨鸿飞. 叠前弹性波阻抗反演在四川 FL 地区礁滩型储层预测中的应用[J]. 海相油气地质, 2010, 15(4)：62 ~ 67.

[134]胡伟光. AVO 技术在生物礁储层预测中的应用[J]. 中国西部科技, 2012, 11(3)：7 ~ 8.

[135]乐绍东. AVA 裂缝检测技术在川西 JM 构造的应用[J]. 天然气工业, 2004, 24(4)：22 ~ 24.

[136]甘其刚, 高志平. 宽方位 AVA 裂缝检测技术应用研究[J]. 天然气工业, 2005, 25(5)：42 ~ 43.

[137]杨占山, 李富强, 孙文库, 等. 对气测录井全烃检测值的进一步认识[J]. 录井工程, 2006, 17(4)：26 ~ 28.

[138]吴龙斌. 对气测录井技术的几点认识[J]. 录井技术, 2000, 11(2)：19 ~ 25.

[139]李少华, 张尚峰, 刘德华, 赵凹油田储层地质建模[J]. 新疆石油天然气, 2008, 4(1)：7 ~ 11.

[140]郝蜀民, 惠宽洋, 李良, 等. 鄂尔多斯盆地大牛地大型低渗气田成藏特征及其勘探开发技术[J]. 石油与天然气地质, 2006, 27(6)：762 ~ 768.

[141]吴胜和, 张一伟. 提高储层随机建模精度的地质约束原则[J]. 石油大学学报(自然科学

版），2001（1）：55～58.

[142]杨诚，高志平，游文秀，等．新场气田沙溪庙气藏随机建模[J]．天然气工业，2005，25（2）：44～45.

[143]周丽清，赵丽敏．高分辨率地震约束相建模[J]．石油勘探与开发，2002（3）：56～58.

[144]姜辉，于兴河．主流随机建模技术评价及约束原则[J]．新疆石油地质，2006，27（5）：621～625.

[145]程立华，吴胜和，贾爱林，等．综合多信息进行地震约束储层随机建模：以准噶尔盆地庄1井区J1s22砂组为例[J]．海洋地质与第四纪地质，2008，28（3）：128～131.

[146]于兴河，李胜利，赵舒，等．河流相油气储层的井震结合相控随机建模约束方法[J]．地学前缘，2008，15（4）：33～41.

[147]赵力民，彭苏萍，郎晓玲，等．利用Stratimagic波形研究冀中探区大王庄地区岩性油藏[J]．石油学报，2002，23（4）：33～36.

[148]徐黔辉，姜培海，沈亮．Stratimagic地震相分析软件在BZ25—1构造的应用[J]．中国海上油气（地质），2001，15（6）：423～426.

[149]赵力民，郎晓玲，金凤鸣，等．波形分类技术在隐蔽油藏预测中的应用[J]．石油勘探与开发，2001，28（6）：53～55.

[150]于红枫，王英民，李雪，等．Stratimagic波形地震相分析在层序地层岩性分析中的应用[J]．煤田地质与勘探，2006，34（1）：64～66.

[151]邓传伟，李莉华，金银姬，等．波形分类技术在储层沉积微相预测中的应用[J]．石油物探，2008，47（3）：262～265.

[152]殷积峰，李军，谢芬，等．波形分类技术在川东生物礁气藏预测中的应用[J]．石油物探，2007，46（1）：53～57.

[153]王玉学，丛玉梅，黄见，等．地震波形分类技术在河道预测中的应用[J]．资源与产业，2006，8（2）：71～74.

[154]胡伟光．地震相波形分类技术在川东北的应用[J]．勘探地球物理进展，2010，33（1）：52～57.

[155]胡伟光，赵卓男，肖伟，等．YB地区长兴期生物礁控制因素浅论[J]．特种油气藏，2010，17（5）：51～53.

[156]胡伟光，赵卓男，肖伟，等．川东北元坝地区长兴组生物礁的分布与控制因素[J]．天然气技术，2010，4（2）：14～16.

[157]王志君，黄军斌．利用相干技术和三维可视化技术识别微小断层和砂体[J]．石油地球物理勘探，2001，36（3）：378～381.

[158]余得平，曹辉，王咸彬．相干数据体及其在三维地震解释中的应用[J]．石油物探，1998，37（4）：75～79.

[159]孙夕平，杨国权．三维地震相干体技术在目标沉积相研究中的应用[J]．石油物探，

2004, 43(6): 591~594.

[160]覃天, 刘立峰. 多属性相干分析在预测储层裂缝发育带中的应用[J]. 石油天然气学报（江汉石油学院学报）, 2008, 30(6): 254~257.

[161]李玲, 冯许魁. 用地震相干数据体进行断层自动解释[J]. 石油地球物理勘探, 1998, 33(S1): 105~111.

[162]胡伟光, 蒲勇, 赵卓男, 等. 川东北元坝地区长兴组生物礁的识别[J]. 石油物探, 2010, 49(1): 46~53.

[163]胡伟光. 相干体技术在川东北油气勘探中的应用[J]. 物探化探计算技术, 2010, 49(1): 260~264.

[164]龚洪林, 许多年, 蔡刚. 高分辨率相干体分析技术及其应用[J]. 中国石油勘探, 2008, 32(3): 45~48.

[165]苏朝光, 刘传虎, 王军, 等. 相干分析技术在泥岩裂缝油气藏预测中的应用[J]. 石油物探, 2002, 41(2): 197.

[166]刘传虎. 地震相干分析技术在裂缝油气藏预测中的应用[J]. 石油地球物理勘探, 2001, 36(2): 238.

[167]陶洪辉, 秦国伟, 徐文波, 等. 地层主曲率在研究储层裂缝发育中的应用[J]. 新疆石油天然气, 2005, 1(2): 22~23, 28.

[168]胡宗全, 廖红伟. 分砂层地质曲率分析在裂缝预测中的应用[J]. 石油实验地质, 2002, 24(5): 450~454.

[169]王学军, 陈汉林, 王玉芹, 等. 拟合曲率综合预测裂缝方法建立及其在陆西凹陷中的应用[J]. 浙江大学学报, 2002, 29(6): 712~719.

[170]王越之, 宋金初, 贺斌. 利用曲率法预测构造裂缝方向[J]. 江汉石油学院学报, 2004, 26(4): 52~53.

[171]Roberts A. Curvature attributes and their applicationto 3D interpreted horizons[J]. First Break, 2001, 19(2): 85~100.

[172]Sigismondi M E, Soldo J C. Curvature attributes and seismicint erpretation: Case studies from Argentina basins[J]. The Leading Edge, 2003, 22(11): 1112~1126.

[173]王有功, 汪芯. 曲率法在尚家油田扶杨油层储层裂缝预测中的应用[J]. 科学技术与工程, 2012, 12(17): 4274~4277.

[174]史军. 蚂蚁追踪技术在低级序断层解释中的应用[J]. 石油天然气学报, 2009, 31(2): 257~2581.

[175]盛国富. Petrel 自动构造解释模块[J]. 国外油田工程, 2008, 24(3): 141.

[176]唐琪凌, 苏波, 王迪, 罗亮. 蚂蚁算法在断裂系统解释中的应用[J]. 特种油气藏, 2009, 16(6): 311.

[177]吴永彬, 张义堂, 刘双双. 基于 PET REL 的油藏三维可视化地质建模技术[J]. 钻采工

艺，2007，30（5）：65～661.

[178]郭强，梁若渺. 蚂蚁追踪在雁木西油田白垩系构造中的应用[J]. 吐哈油气，2008，13
（1）：39～41.

[179]查朝阳，FRS 培训教程整合版[M]. 北京：恒泰艾普公司，2005，71～80.

[180]甘其刚，杨振武，彭大钧. 振幅随方位角变化裂缝检测技术及其应用. 石油物探，2004，
43（4）：373～376.

[181]胡伟光，蒲勇，肖伟，等. 裂缝预测技术在清溪场地区的应用[J]. 中国石油勘探，
2010，15（6）：52～58.

[182]Zha C Y, Zhang Z R, Zhong D Y, et al. Application of Fractured Reservoir Modeling Technol-
ogy to 7Sandstone Reservoirs in Songliao Basin, China[J]. 66th EAGE Annual Conference and
Exhibition, 2004 , Z～99.

[183]Li X Y. Fracture detection using P-P and P-S waves in multicomponent sea-floor data[J]. Ex-
panded Abstracts of 68th Annual Internat SEG Mtg, 1998, 2056～2059.

[184]杨勤勇，赵群，王世星，等. 纵波方位各向异性及其在裂缝检测中的应用[J]. 石油物
探，2006，45（2）：177～181.

[185]王涛，朱祥，谭代英. 毛坝构造飞仙关组裂缝储层综合预测方法[J]. 石油物探，2009，
48（4）：383～389.

[186]斯麦霍夫 E M. 裂缝性油气储集层勘探的基本理论与方法[M]. 北京：石油工业出版社，
1985，1～17.

[187]Hudson J A. Wave speeds and attenuations of elastic waves in material containing cracks [J].
Geophys. J. 1981, 64 : 133～150.

[188]Liu E, Li X Y. Seismic detection of fluid saturation in aligned fractures[R]. 70 th Annual Inter-
national SEGMeeting, Calgary, Canada, 6 – 11 August, 2000, 2373～2375.

[189]Shen F, Toksoz N. Scattering Characteristics in Heterogeneous Fractured Reservoirs From Wave-
form Estimation[J]. Geophysical Journal International, 2000, 140: 251～265.

[190]Thomsen L. Elastic anisotropy due to aligned cracks in porous rock[R]. Geophysical Prospec-
ting, 1995, 43: 805～829.

[191]Shen F, Sierra J, Toksoz N. Offset-dependent attributes（AVO and FVO）applied to Fracture
detection[R]. 69 th Ann Internat Mtg, Soc. Exp l. Geophys, 776～779, 1999.

[192]Li X Y. Fractured reservoir delineation using multicomponent seismic data[J]. Geophysical
Prospecting, 1997, 45（1）：39～64.

[193]曹均，贺振华，黄德济，等. 裂缝储层地震波特征响应的物理模型实验研究[J]. 勘探
地球物理进展，2003，26（2）：88～92.

[194]凌云研究小组. 宽方位角地震勘探应用研究[J]. 石油地球物理勘探，2003，38（4）：
350～357.

[195]曲寿利，季玉新，王鑫，等．全方位 P 波属性裂缝检测方法[J]．石油地球物理勘探，2001，36（4）：390～397．

[196]刘云武，齐振勤，唐振国，等．海拉尔盆地乌东地区三维地震裂缝预测方法及应用[J]．中国石油勘探，2012，17（1）：37～41．

[197]杨鸿飞，胡伟光，范春华．川东北 S 地区裂缝预测技术浅论[J]．中国西部科技，2012，11（8）：5～6．

[198]胡伟光，刘珠江，范春华，等．四川盆地 J 地区志留系龙马溪组页岩裂缝地震预测与评价[J]．海相油气地质，2014，19（4）：25～29．

[199]孙伟家，符力耘，管西竹，等．页岩气地震勘探中页岩各向异性的地震模拟研究[J]．地球物理学报，2013，56（3）：961～970．

[200]林建东，任森林，薛明喜等．页岩气地震识别与预测技术[J]．中国煤炭地质，2012，24（8）：56～60．

[201]赵万金，李海亮，杨午阳．国内非常规油气地球物理勘探技术现状及进展[J]．中国石油勘探，2012，4：36～40．

[202]林建东，任森林，薛明喜，等．页岩气地震识别与预测技术[J]．中国煤炭地质，2012，24（8）：56～60．

[203]丁文龙，许长春，久凯，等．泥页岩裂缝研究进展[J]．地球科学进展，2011，26（2）：135～144．

[204]周德华，焦方正．页岩气"甜点"评价与预测——以四川盆地建南地区侏罗系为例[J]．石油实验地质．2012，34（2）：109～114．

[205]钟思瑛．有限元应力法在构造裂缝预测中的应用[J]．石油天然气学报，2005，27（4）：556～558．

[206]张帆，贺振华，黄德济，等．预测裂隙发育带的构造应力场数值模拟技术[J]．石油地球物理勘探，2000，35（2）：154～163．

[207]李德同，文世鹏．储层构造裂缝的定量描述和预测方法[J]．石油大学学报（自然科学版），1999，20（4）：6～10．

[208]唐湘蓉，李晶．构造应力场有限元数值模拟在裂缝预测中的应用[J]．特种油气藏，2005，12（2）：25～27．

[209]王奕．建南构造志留系应力场分析[J]．江汉石油科技，2008，18（4）：6～8．

[210]胡伟光，范春华，杨鸿飞，等．裂缝预测与勘探[M]．中国石化出版社，2015．

[211]胡伟光，王涛，范春华，等．缝洞型储层预测与勘探[M]．中国石化出版社，2016．

[212]胡伟光，肖伟，王涛．致密砂岩储层预测与勘探[M]．中国石化出版社，2016．

[213]侯治华，钟南才，侯逾昆，等．辽宁浑河断裂带及其邻近地区水系格局构造节理与构造应力场的研究[J]．防灾科技学院学报，2006，8（4）：6～9．

[214]尹国康．地貌发育的趋向与变异[J]．地理学报，1986，41（3）：241～253．

[215]余庆余，蒋柱中，艾南山．水系分布方向计算的密集度方法[J]．地理科学，1989，5
  （1）：1～10.

[216]李佳阳，夏宁，秦启荣．成像测井评价致密碎屑岩储层的裂缝与含气性[J]．测井技术，
  2007，31（1）：17～20.

[217]张景和，孙宗欣．地应力、裂缝测井技术在石油勘探开发中的应用[M]．北京：石油工
  业出版社，2001，35～40.